吹填珊瑚礁砂地基加固方法

Reinforcement Method for Hydraulic Filling Foundation of Coral Reef Sand

王建平　顾琳琳　王　振　著

·上海·

图书在版编目(CIP)数据

吹填珊瑚礁砂地基加固方法 / 王建平，顾琳琳，王振著. -- 上海：同济大学出版社，2023.5
ISBN 978-7-5765-0823-9

Ⅰ. ①吹… Ⅱ. ①王…②顾…③王… Ⅲ. ①珊瑚礁—砂土地基—地基处理 Ⅳ. ①TU742

中国国家版本馆 CIP 数据核字(2023)第 071602 号

吹填珊瑚礁砂地基加固方法

Reinforcement Method for Hydraulic Filling Foundation of Coral Reef Sand

王建平　顾琳琳　王　振　**著**

责任编辑 李　杰　**责任校对** 徐春莲　**封面设计** 陈益平

出版发行 同济大学出版社　www.tongjipress.com.cn
（地址：上海市四平路 1239 号　邮编：200092　电话：021-65985622）
经　　销 全国各地新华书店
排　　版 南京月叶图文制作有限公司
印　　刷 常熟市华顺印刷有限公司
开　　本 710 mm×1000 mm　1/16
印　　张 8
字　　数 160 000
版　　次 2023 年 5 月第 1 版
印　　次 2023 年 5 月第 1 次印刷
书　　号 ISBN 978-7-5765-0823-9

定　　价 66.00 元

序　　言

远海珊瑚礁是我国珍贵的海洋资源。随着海洋强国战略的加快实施，远海岛礁的开发利用愈发具有重要的战略意义。珊瑚礁砂作为最主要的岛礁地基填筑材料，被广泛应用于岛礁工程建设中填海造陆以及机场、道面、护岸和生态用地基础加固，其应用前景十分广阔。

与传统石英砂等陆源砂不同，珊瑚礁砂是一种原生或次生海洋沉积物，具有钙质含量高、孔隙结构丰富、颗粒形状不规则且易破碎等特点。由珊瑚礁砂吹填形成的地层表现出明显的差异化特征，密实过程中存在压缩性大、含水率高、颗粒破碎性强、细观组构变化大等突出问题。传统的分层碾压法、强夯法和振冲法要么不适用于海洋环境中带水作业和同步排水作业，要么不能实现大厚度、大面积一次密实，故亟须开发远海珊瑚礁砂地基加固新方法和新技术。

有关珊瑚礁砂地基加固的经验和资料积累尚处在起步阶段，目前尚无设计规范或标准可参考。本书针对珊瑚礁砂地层冲击密实能量远超现有规范的特点，详细研讨了大功率振冲的技术原理和应用，通过试验研究了基于颗粒破碎效应的珊瑚礁砂压缩密实特性，建立了珊瑚礁砂颗粒破碎的围压阈值范围和压缩极限状态的判定方法，系统介绍和理论分析了大面积、大深度、高含水率珊瑚礁砂地基加固设计要求和施工方法。在远海珊瑚礁扩建工程和海上“一带一路”工程建设应用的基础上，本书系统总结了具有鲜明特色的吹填珊瑚礁砂地层一次快速密实技术体系，详细阐述了珊瑚礁砂地基加固的最新理论、技术与工程应用成果。

本书作者长期从事海洋土木工程与结构方向的设计研究工作，先后主持完成了大中型海防工程 100 余项，在远海吹填岛礁建设方面积累了十分丰富的经验。本书内容是远海珊瑚礁砂地基加固方面研究成果与工程实践的科学凝练和系统总结，许多认知都是首次提出，具有相当高的学术价值和实用价值。本书的出版不仅可为珊瑚礁砂地基加固的深入研究和实践提供重要的科学依据，也可为该领域科技工作者提供重要参考资料。

张建民

清华大学教授、中国工程院院士

2023 年 5 月

前　言

随着国家“一带一路”倡议的贯彻实施，围海造岛工程越来越多，就地取材、利用海底疏浚材料作填料进行岛礁工程建设可有效缓解围海造岛填料紧缺矛盾，大大降低工程造价并缩短工期，为吹填造岛建设探索一条新路。珊瑚礁砂作为吹填造岛的主要材料，具有多孔隙、多棱角、易破碎、压实难、压缩性大等特点，它与陆源砂有很大差异，其构成的地基承载力小、沉降大、工程性质复杂。因此，亟须找到一种既成熟可靠、简单实用，又工期较短、适应场地环境要求的大面积地基处理方法，为吹填珊瑚礁砂地基加固处理提供参考和指导。

本书考虑了珊瑚礁砂吹填材料的特殊性及实际吹填地层的不均匀性，研究了吹填珊瑚礁砂的矿物成分、基本物理力学性质及工程性质，探明了颗粒级配变化(粒组变化、不同颗粒破碎程度及细粒含量变化)对珊瑚礁砂静力学特性(压缩性、强度指标和临界状态等)的影响，分析了吹填珊瑚礁砂填筑地基的可行性，通过现场试验对比研究了强夯法和振冲法的优缺点和适用范围，通过数值计算方法探究了强夯法和振冲法处理吹填珊瑚礁砂地基的加固机理，确定了适宜的振冲工艺和振冲器参数，使珊瑚礁砂地基加固效果最好。

本书认真梳理了课题组近些年的相关研究成果，对吹填珊瑚礁砂地基处理方法与加固效果进行了全面深入的研究。本书共有 6 章：第 1 章为绪论，介绍了研究背景与研究现状；第 2 章对珊瑚礁砂开展了室内试验和现场试验，综合分析了珊瑚礁砂作为地基土的承载特性及工程地质特性；第 3 章开展了强夯法和振冲法加固吹填珊瑚礁砂地基的现场对比试验，验证了振冲法对珊瑚礁砂地基的处理效果优于强夯法；第 4 章通过数值分析方法研究了夯击能量对强夯法加固效果的影响以及振冲功率和砂土密实度等对振冲法加固效果的影响，分别阐述了强夯法和振冲法处理吹填珊瑚礁砂地基的加固机理；第 5 章从振冲法的应用范围及工艺特点的角度，对振冲法加固吹填珊瑚礁砂地基的适应性进行了研究，给出了振冲法的设计要点和注意事项；第6章对研究成果进行了总结。

本书的出版得到了国家自然科学基金（No. 42002266）、国家重点研发计划（No. 2021YFC3002000）、中国博士后基金（No. 2020M673654）、中央高校基本科研业务费专项资金（No. 30922010918）的资助，在此表示感谢。

由于作者水平和经验有限，书中难免有不足之处，敬请广大读者批评指正！

著者

2023年4月

目　　录

第1章　绪　论

1.1　研究背景及意义

我国海洋面积大，拥有丰富的渔业资源、海底油气资源和可燃冰等，但相应的基础设施建设严重落后，使得海洋资源未能得到有效开发利用，因此，加速我国海洋工程建设、助力海洋资源开发是当务之急。海洋工程建设离不开吹填岛礁，随着“一带一路”倡议的贯彻实施，吹填岛礁工程越来越多，面对建筑材料匮乏和环境的日益恶化，能否利用海底疏浚材料作填料，节能、经济、环保地实现吹填造岛成为亟待解决的技术难题。目前，人工吹填珊瑚岛礁的建设主要以珊瑚礁砂为地基填筑材料，对天然潟湖区进行吹填施工，而珊瑚礁砂具有颗粒形状不规则、易破碎、天然含水率高、孔隙比大、压缩性大、强度和渗透性很低的特点，其构成的地基承载力低、工程性质复杂，因此，研究吹填珊瑚礁砂经处理后用作工程填料具有十分重要的意义。

国内外学者在吹填土地基的加固方式和变形机理等方面做了不少研究，其方法主要包括试验研究、理论分析和数值模拟。目前，用于珊瑚碎屑地基加固的方法主要是分层碾压法，即用冲击碾进行碾压，达到施工控制效果后，再进行分层回填碾压形成新的填筑体，每次分层碾压的压实系数均控制在 0.93 以上，逐步形成一个完整的人工硬壳层。该方法技术成熟，有实际施工经验，并取得了良好效果，但施工工序复杂，施工周期长，且加固深度有限，不适合大面积地基处理[1]。因此，亟须找到一种既成熟可靠、简单实用，又工期较短、适应场地环境要求的大面积地基处理方法。强夯法适用于处理碎石土、砂土、粉土、黏性土和杂填土等地基，是利用夯锤产生的冲击波使地基密实，不仅可以提高地基土强度、降低其压缩性，还可以改善其抗液化能力和消除土的湿陷性。对于饱和软黏土地基，国内外采用在夯坑内回填碎石、粗砂等粗粒材料，通过夯击在软基中形成碎石桩的方法实现强夯置换、挤密作用。振冲法早期用来振密松砂地基，后来由于其技术和经济上的优越性，人们又试着将其应用于黏性土地基，从而使振冲法演变为两大分支：一支是适用于砂基的不加填料的无填料振冲法，主要起挤密作用；另一支主要是适用于黏性土地基的加粗砂或碎石等填料的有填料振冲法，主要起置换、挤密作用。强夯法和振冲法较碾压法具有一定优势[2,3]，但珊瑚礁砂吹填地基土性质较为复杂，人们对其认识还十分有限，目前国内还欠缺在珊瑚礁砂地基上进行强夯或振冲的经验和有关资料。本书通过现场试验对比研究了强夯法和振冲法的优缺点和适用范围，为大面积珊瑚礁砂地基加固处理提供参考。

1.2 国内外研究现状

1.2.1 珊瑚礁砂基本物理特性

珊瑚礁砂是珊瑚礁、死亡的珊瑚和贝壳等被海水冲击破碎后的碎屑物，珊瑚礁和死珊瑚的矿物成分主要为文石和高镁方解石，化学成分主要为碳酸钙，其含量达97%以上，在岩土类别中统属碳酸盐类土或钙质土。

国外对钙质土的研究较早，对钙质土的组成矿物、成因、分类及其工程性质进行了系列的研究。Fookes[4]详细研究了钙质土的成因和分类，指出钙质土在海洋和陆地环境均可形成，其成因有三种：钙质生物碎屑沉积；已经过成岩或胶结作用的钙质岩土碎屑沉积；水中碳酸钙由于温度、压力的变化而过饱和沉积。钙质土的工程分类曾有多种体系，如Folk[5]借鉴砂岩的分类方法提出颗粒、微晶、基质、结晶方解石胶结三相分类体系，其有利之处在于体系中微晶方解石和结晶方解石的比值可以直接反映沉积过程中的水动能环境。Dunham[6]提出了基于灰岩沉积结构的分类体系，例如是泥质支撑还是颗粒支撑等，其分类名称也直接与水能环境相联系。Clark等[7]提出了以粒径、碳酸盐含量和强度作为钙质土的分类指标。Fookes等[8]提出以矿物成分、成因、粒径、强度为指标的分类体系，并提出钙质土的4个结构要素：颗粒类型、泥灰质含量、胶结状况和孔隙度，分析了骨骸、碎屑、球粒、包粒、团粒等5种颗粒类型的成因及物质来源。Price[9]利用钻孔取芯薄片研究了North Rankin A钙质沉积物的组构特征，并从组构对力学性质的影响进行了定性讨论，试验表明，在试样发生机械位移时，钙质岩土会由于颗粒破碎、挤入等而发生组构上的变化。

在我国钙质土研究中，钙质土基本上沿用陆源土粒径分类方法，分为砾石、砂、粉砂等，原因是我国已发现的钙质土基本上都是海洋生物成因，碳酸钙含量大多在90%以上，少见其他物质。岩石则以成因+结构分类，如珊瑚屑灰岩是指由珊瑚砾屑形成的钙质岩。钙质土除了成因及分类外，其工程性质也得到了国外同行的广泛重视。Bryant 等[10]对取自墨西哥湾的钙质土做了 120 组不同类型的试验,结果显示,其压缩指数随碳酸盐含量的增加而增加。Demars 等[11]研究了碳酸盐含量对珊瑚礁砂抗剪强度的影响,得出了碳酸盐含量决定碳酸盐沉积物力学特性的重要结论。珊瑚礁砂内摩擦角随围压的增大而减小,Datta 等[12]将其归结为颗粒破碎的结果,并对 4 种珊瑚礁砂进行试验,发现珊瑚礁砂在三轴剪应力作用下的破碎比在等向固结条件下要大。Allman 和 Poulos[13]研究了人工合成珊瑚礁砂中胶结物含量对其等向固结三轴试验强度的影响,认为增加胶结物含量可使其峰值强度增大,轴向应变减小,泊松比减小,内聚力增大,但对内摩擦角影响不大。Golightly 和 Hyde[14]对珊瑚礁砂和石英砂进行对比,结果表明,珊瑚礁砂的三轴强度比石英砂的小,膨胀角也比石英砂的小得多。Hull 等[15]认为碳酸盐类砂具有明显的蠕变性,其胶结作用大大降低了砂的压缩性和蠕变效应,影响着钙质土的应力-应变关系。Herrmann 等[16]对钙质淤泥进行了循环三轴剪切试验,结果表明,当初始偏应力大小等于静态抗压强度时,试样表现出极低的循环抗剪强度,而随着初始偏应力的降低,循环抗剪强度陡增。Olsen[17]在总结了大量 DPT 试验的基础上,得出了 DPT 击数与珊瑚碎屑沉积物物理性质之间的相关关系,并在红海的珊瑚礁礁坪和礁前斜坡上进行了大量 SPT 测试,经过桩基荷载试验验证,得出了适合当地的用 SPT 数据来反映礁砂层打入式钢管桩的静态极限承载力公式。Bock 等[18]在大堡礁上进行了大量的现场重型动力触探工作,用来评价打入式桩的工程特性。Fahey[19]在总结了大量现场工作后得出了钙质土的应力-应变关系曲线。Murff[20]研究得出了仅在围压很小的状态下发生剪胀现象是珊瑚礁砂的一个重要性质,在较高围压下,颗粒破碎与压密引起体积减小,并作出了珊瑚礁砂典型的体应变曲线。Poulos 等[21]做了浅基础的模型试验,得出了珊瑚礁砂的承载力比石英砂的小得多的结论。Takashi 等[22]研究了日本西南群岛珊瑚礁砂的工程性质,结果表明,在海洋沉积物中珊瑚礁砂具有最大的固结系数。20 世纪 80 年代,澳大利亚西北海域的 North Rankin A 石油开发工程极大地推进了珊瑚礁砂工程性质和桩基工程的研究。1988 年在澳大利亚西海岸的珀斯召开了钙质沉积物工程国际会议,与会科学家广泛地讨论了钙质沉积物的成因、结构、构造、采样方法,实验室试验、CPT 原位试验和压力试验,原型试验和大比例尺试验,钙质土的地基设计和建设,安置桩受力计算等问题。

1.2.2 珊瑚礁砂静力学特性

1. 珊瑚礁砂的压缩特性

Coop[23]通过大量珊瑚礁砂三轴试验指出,在 $\nu-\ln p'$ 平面上,珊瑚礁砂松砂和密砂的压缩曲线会渐趋相交于等向压缩曲线(Normal Compression Line, NCL),只是密砂达到等向压缩曲线的压力更大;珊瑚礁砂的压缩特性更类似于一般黏性土,压缩变形大(压缩系数 λ 较大)。张家铭[24]得到了与 Coop 类似的结论,并指出,与正常固结黏土不同的是,珊瑚礁砂的回弹变形极小(回弹系数 κ 较小)。秦月等[25]通过对不同含砂量的珊瑚砾料进行高压固结试验得出,粗颗粒的存在,在一定程度上增大了试样的压缩性。王刚等[26]对珊瑚砾料进行了大型一维压缩试验,结果表明,在相同竖向荷载作用下,松样的颗粒破碎程度会比密样更大,并指出,对实际珊瑚礁砂砾料场地进行基地预压是减少地基沉积的有效措施。沈扬等[27]发现,当珊瑚礁砂中粗粒组所占质量百分数小于 25%且中、细粒组占比一定时,随粗粒含量的增加,其压缩性呈现先增后减的变化趋势。李彦彬等[28]对比了南海珊瑚礁砂和 Arabian Gulf 珊瑚礁砂的压缩性,并指出,中值粒径 d_{50}、碳酸钙含量和相对密实度 D_r 等因素的差异均会影响珊瑚礁砂试样的压缩性和颗粒破碎程度,并发现归一化的压缩指数 C_c 随破碎率的增大呈幂函数增长。

由于常规应力下的珊瑚礁砂压缩特性渐渐被人们所熟知,研究者们开始着眼于高压作用下的珊瑚礁砂压缩特性。吕亚茹等[29]对比了高应力条件下石英砂与珊瑚礁砂的压缩性,试验发现,石英砂的压缩曲线存在明显的拐点(竖向应力达到10 MPa 左右时),但珊瑚礁砂的应力-应变曲线为典型对数曲线,说明珊瑚礁砂在所有应力状态下均发生颗粒破碎;在相同密实度条件下,珊瑚礁砂的屈服应力更小,且压缩性明显大于石英砂。马启锋等[30]得到了类似的结论,并发现,竖向加载到一定程度后颗粒破碎情况趋于稳定。

2. 珊瑚礁砂的剪切特性

珊瑚礁砂的剪切特性相较于一般硅质砂有很大差异,在剪切应力作用下,珊瑚礁砂颗粒破碎显著,从而引起颗粒级配、颗粒形状等的改变,在宏观力学上表现为强度软化、内摩擦角减小等。Fahey 等[31]在三轴剪切试验条件下发现,当固结应力较小时,珊瑚礁砂剪切刚度前期较大,随着剪切应变的增大,出现明显屈服点,应力-应变曲线呈应力硬化型;而当固结应力较大时,其屈服点变得不明显且剪胀性受到抑制。吴京平等[32]发现,珊瑚礁砂颗粒破碎程度与输入的塑性功密切相关;显著的颗粒破碎会抑制试样的剪胀,增大其孔隙体积收缩;随着固结应力的增大,摩尔包线向下弯曲。刘崇权等[33]考虑了排水条件的影响,发现固结围压较小时,在不排水剪切条件下,珊瑚礁砂试样产生明显剪胀且颗粒破碎较少,但在高围压条件下,颗粒破碎会起主导作用,使得孔隙水压力持续增大;在固结排水条件下,随着固结围压的增大,珊瑚礁砂的强度指标会逐渐降低。张家铭等[24,34]和胡波[35]得到了类似的结论，且发现剪切过程中的破碎程度远大于固结阶段，但固结围压大小会决定剪切阶段的破碎程度。闫超萍等[36]研究了颗粒粒径和固结围压对珊瑚礁砂剪切特性的影响，试验结果表明，不同粒径组珊瑚礁砂试样的剪胀性和应变软化性都会随着固结围压的增大而减弱，且围压与剪胀系数和应力相对软化系数呈半对数线性关系；对于不同粒径组的珊瑚礁砂试样而言，密样的剪胀性和软化性受固结围压的影响较松样而言更为显著，并表现出明显的粒径相关性。柴维等[37]通过控制直剪试验剪切速率发现，剪切速率的增大使珊瑚礁砂的抗剪强度呈先减后增的变化趋势，其拐点为临界剪切速率，此时珊瑚礁砂试样的内摩擦角达到最小值。

1.2.3 珊瑚礁砂颗粒破碎特性

颗粒破碎不仅会导致砂粒形貌、大小、排列发生变化，还会显著影响砂土力学行为。颗粒破碎作为显著影响砂土力学特性的主要因素，研究其演化规律及对珊瑚礁砂强度和变形的影响，是正确认识珊瑚礁砂力学特性的重要基础。

1. 不同试验条件下的颗粒破碎

珊瑚礁砂在压缩、剪切试验中均会产生不可忽视的颗粒破碎。张家铭[24]对珊瑚礁砂进行了等向压缩试验，并与侧限压缩（一维）试验进行对比分析，指出等向压缩条件下的珊瑚礁砂屈服应力比侧限压缩条件下的要大，认为这主要是由于侧限压缩过程中存在的剪应力使颗粒破碎更为显著。张家铭等[34]和胡波[35]认为，珊瑚礁砂在三轴剪切条件下的颗粒破碎不会无限制发展，终将趋于恒定，且受围压与剪切应变共同影响和控制，与二者为正相关关系，这与Coop等[38]得到的结论相似。Miao等[39]通过对珊瑚礁砂在环剪与侧限压缩条件下的颗粒破碎规律进行比较发现，剪切过程中的颗粒破碎机制与压缩过程中的颗粒破碎机制存在本质差异，并且剪切破碎量会明显大于压缩破碎量。Shahnazari等[40]通过对波斯湾的两种珊瑚礁砂进行等向压缩试验发现，珊瑚礁砂颗粒破碎程度与应力水平呈正相关关系，且颗粒破碎程度与输入能量直接相关，这与吴京平等[32]得到的结论相似。Xiao等[41]通过侧限压缩试验发现，珊瑚礁砂相对破碎率 B_r 与体积应变呈指数函数关系，且与单位体积输入功呈线性关系，并指出珊瑚礁砂颗粒破碎率在相对密度较小时比相对密度较大时更高。Yu[42]通过单调三轴剪切试验发现，相对密度大的试样产生了更明显的颗粒破碎；虽然 K_0 固结下产生的颗粒破碎大于各向同性固结，但在较高固结应力条件下，各向同性固结砂样在剪切过程中产生的颗粒破碎更为显著；将颗粒破碎率、相对分形维数与单位体积塑性功相联系，建立了双曲线模型。

珊瑚礁砂在承受动力荷载作用时，也会产生一定的颗粒破碎，但破碎量远小单调静力剪切下的破碎量[43]。在循环排水试验条件下，Donohue 等[44]研究了 Dog's Bay 的珊瑚礁砂在循环排水过程中的颗粒破碎情况，发现大部分颗粒破碎及体积应变发生在初始阶段，其破碎程度会随循环振动次数增加而增大，且破碎增速逐渐降低。试验结果表明，颗粒破碎程度会受到应力水平、循环动应力比以及蠕变的影响，且颗粒破碎与体积应变呈线性相关，但并未提出颗粒破碎与应力-应变之间的量化模型。王刚等[45,46]对循环剪切过程中颗粒破碎的演化进行了分析，发现循环剪切产生的颗粒破碎远小于单调剪切产生的颗粒破碎，这与 Qadimi 等[47]得到的结论一致。在循环剪切条件下，破碎形式主要是珊瑚礁砂粒棱角的磨损。利用循环排水剪切试验标定模型参数，初步建立了珊瑚礁砂颗粒破碎演变规律的函数模型。

2. 颗粒破碎的度量方式

颗粒发生破碎后，会使颗粒级配发生变化，为了定量描述颗粒破碎的程度，许多国外学者提出了通过剪切前后特征粒径或整体颗分曲线来度量颗粒破碎程度的方法。Lee 等[48]、Lade 等[49]、柏树田等[50]和 Pierre[51]均提出以某单一特征粒径占比在试验前后的变化来度量颗粒的破碎程度，但这只考虑了某一指定粒径的变化，不能反映整体颗粒破碎的变化规律。Marsal[52]和 Nakata 等[53]的描述方法类似，均是通过初始级配曲线对应的某一粒径或最小粒径占比在试验前后的变化量(R)来描述颗粒破碎的程度，但该方法在初始粒径单一时无法使用。Hardin[54]定义了初始破碎势 B_p 和总破碎势 B_t，进而提出了相对破碎率 B_r 的概念，该方法能较全面地考虑整体颗粒破碎情况。Einav[55]在 Hardin 相对破碎率的基础上，引入极限颗粒级配曲线，修正了破碎潜能和总破碎量，进而提出修正相对破碎率 B_r^*。Wood 等[56]在试验前后级配曲线和极限颗粒级配曲线的基础上，增加了最大粒径线，定义了级配状态指数 I_G。表 1-1 总结了颗粒破碎的定量化描述模型。

表 1-1　颗粒破碎的定量化描述模型

文献	破碎因子	计算公式	度量标准	变化范围
Lee 等[48]	B_{15}	$B_{15}=D_{15i}/D_{15f}$	特征粒径	>1
Lade 等[49]	B_{10}	$B_{10}=1-D_{10i}/D_{10f}$	特征粒径	$[0, 1)$
柏树田等[50]	B	$B=d_{60i}-d_{60f}$	特征粒径	>0
Pierre[51]	C_u	$C_u=D_{60}/D_{10}$	特征粒径	>初始 C_u
Marsal[52]	B_g	$B_g=\sum \Delta W_k$	特征粒径	$[0, 1)$
Nakata 等[53]	B_f	$B_f=1-R/100$	特征粒径	$[0, 1)$

（续表）

文献	破碎因子	计算公式	度量标准	变化范围
Hardin[54]	B_r	$B_r = B_t / B_p$	整体颗分曲线	[0, 1)
Einav[55]	B_r^*	$B_r^* = B_t^* / B_p^*$	整体颗分曲线	[0, 1]
Wood 等[56]	I_G	$I_G = B_t' / B_p'$	整体颗分曲线	[0, 1]

3. 颗粒破碎对临界状态的影响

Roscoe 等[57]在 1958 年提出了土体临界状态的概念，定义土体在持续剪切变形过程中，达到恒定偏应力 q、恒定平均有效应力 p' 及恒定体积应变 ε_v 的状态为临界状态。

$$\frac{\partial p'}{\partial \varepsilon_a} = \frac{\partial q}{\partial \varepsilon_a} = \frac{\partial \varepsilon_v}{\partial \varepsilon_a}, \quad \frac{\partial \varepsilon_s}{\partial t} \neq 0 \tag{1-1}$$

Ishihara 等[58]对砂土进行了一系列不排水三轴剪切试验，发现临界状态不会受到初始条件(如相对密实度、固结围压)的影响，它反映的是砂土的材料性质。所以对于一般陆源砂而言，在初始级配一定的条件下，其临界状态应该是稳定的，但对于珊瑚礁砂而言，剪切过程中持续的颗粒破碎会改变试样的颗粒级配(细颗粒增多)并造成额外的体积压缩，这导致了其临界状态的复杂性。Luzzani 等[59]研究了珊瑚礁砂在环剪和剪切盒试验过程中的体积变化及颗粒破碎情况，发现珊瑚礁砂颗粒在剪切荷载作用下会产生持续的颗粒破碎，即随着剪切应变的发展，颗粒破碎程度也不断增大(不能达到稳定的级配)，并指出，易破碎砂土在传统的三轴试验和剪切盒试验中难以达到稳定的临界状态，这是由于仪器的剪切应变存在限制。针对此问题，Coop 等[38]通过剪切应变不受限制的环剪试验分析了珊瑚礁砂的颗粒破碎情况，发现在剪切应变很大的条件下，珊瑚礁砂颗粒破碎能达到稳定(即稳定的分形级配)，该级配会受到应力水平和初始级配的影响，且颗粒破碎引起的体积压缩，只有在达到稳定分形级配时才会停止，这说明在三轴试验中，在较小的剪切应变下不能观察到真正的临界状态，即使有明显的颗粒破碎，但临界状态时的摩擦角并没有太大变化。

颗粒破碎产生的颗粒级配变化，类似于混合砂土中细粒含量的变化，许多学者也曾对细粒含量变化对临界状态的影响进行了研究，发现随着细粒含量的增大，在 $e - \lg p'$ 平面内的临界状态线会向下移动[60,61]，但随着细粒含量的进一步增大，又会出现临界状态线在 $e - \lg p'$ 平面内向上移动的现象[62-64]。Bandini 等[65]对 Dog's Bay 的珊瑚礁砂进行了一系列三轴试验，并对比了预剪再剪砂临界状态线的变化，发现颗粒破碎确实会造成 $e-\lg p'$ 平面内临界状态线的移动(或旋转),但需要在大量颗粒破碎的条件下其移动才会明显。Xiao 等[66]对堆石料进行了大型三轴试验,结果表明,发生颗粒破碎后的临界状态线在 $e-\lg p'$ 平面内仍呈线性变化,颗粒破碎不仅造成了临界状态线向下平移,还引起了其旋转。Wood 等[56]、Kikumuto 等[67]通过离散元模拟了不同颗粒级配的颗粒材料,发现颗粒破碎会导致临界状态线向下偏移。丁树云等[68]、刘恩龙等[69]对堆石料进行了大型三轴试验,结果表明,只有剪切应变发展到足够大时,试样才能达到稳定的临界状态,且堆石料的临界状态与试样的初始应力状态和密实度等因素无关。蔡正银等[70]发现,珊瑚礁砂颗粒破碎会使得 $e-(p'/p_a)^{\xi}$ 平面内的临界状态线向下平移,相对密实度越高,颗粒破碎越显著,下移越明显;在 $q-p'$平面,临界状态点不受颗粒破碎的影响。

1.2.4 珊瑚礁砂地基处理方法

1. 强夯法

强夯法加固地基大体上是通过起吊击实锤,利用夯锤自由下落产生的冲击波将地基夯实、加密,减小地基的沉降量,提高地基的承载力和抗液化能力。目前,强夯法在实践中已得到了广泛运用,而对强夯法的研究主要分为物理试验和数值模拟两个方向。

年廷凯等[71]对山谷型与滨海型土质条件下不同能级试夯前后地基动力触探和静力荷载试验结果进行了分析与对比研究,得到了各场地的有效加固深度及梅纳公式的修正系数、取值范围等参数。俞炯奇等[72]通过对软土地基进行低能量强夯处理,分别对试验区夯沉量、试验区内外地表沉降量及试验区内不同深度孔隙水压力增长与消散进行监测,并通过平板静荷载试验验证处理路基的地基承载力,结果表明,低夯能量主要影响浅层地基的工程特性,且对周围环境影响较小。苏亮等[73]对山东沿海某吹填砂土场地进行了 6 000 kN·m 和 8 000 kN·m 能级的强夯加固试验,研究了高能级强夯对砂土地基的加固效果。梁永辉等[74]进行了不同能级的强夯对机场地基的现场试验研究,并结合多种现场检测试验分析了强夯处理前后地基土的物理力学性质的变化规律,评价了强夯法处理该地区粉土的效果。王家磊等[75]对厚杂填土地基开展了多组现场高能级强夯试验,揭示了强夯法加固杂填土地基的机理,并结合现场检测试验对比分析了场地的夯实效果和夯密特征,研究成果对深厚杂填土地基强夯参数和夯实检验方法的选择具有重要的指导意义。

相关工程实践证明,强夯法加固地基处理方式能够有效提升地基工程性质,但强夯法的作用机理尚不清晰，因此，部分学者开展了强夯地基数值模拟方面的研究。宋修广等[76]结合无黏性土路基强夯试验成果，利用 FLAC 3D 有限差分软件进行了数值模拟，重点研究了夯击能为 2 000 kN · m 时的动应力衰减规律。刘洋等[77]建立了强夯加排水处理吹填土地基的数值模型，采用自主编写的数值程序分析超孔隙水压力的发展、土体密实效果等在强夯过程中的变化规律，分析了“重锤少夯”和“轻锤多夯”两种方式的差异。刘智等[78]结合实际工程建立了软土地区强夯石渣桩地基的有限元基准模型，分析了该地基道路在施工及运营过程中的静力学特性，并开展了道路路基沉降影响因素的分析。马宗源等[79]利用颗粒离散元数值计算方法，考虑了土体动力滞回特性、颗粒的接触刚度及夯锤底面形状三种因素对碎石土地基夯实效果的影响，证明了该方法对动力夯实地基进行数值模拟的可行性。贾敏才等[80]基于干砂强夯室内模型试验，通过引进和二次开发颗粒流程序，采用三维离散元法建立了土体与重锤数值模型，模拟了强夯法加固地基的动力冲击过程，研究了夯锤及土体的动力响应，并分析了土体颗粒运动规律。

2. 振冲法

1）振冲碎石桩

目前，由于振冲的物理过程极其复杂，因此始终没有建立合理的数值模型，其理论研究远远满足不了工程实践要求，主要依据还是来源于工程经验和现场实践。国内外主要从以下三个方面对振冲碎石桩法进行了研究。

（1）振冲碎石桩加固机理的试验研究

1953 年，D'Appolonia[81]通过试验结果证实了振冲法加固纯净粗砂地基的有效性，建议采用影响系数来评估加固效果，并指出加固后的密实度随着离开振冲器中心的径向距离呈指数关系减小。D'Appolonia 等[82]认为，振冲桩间距大于 2.4 m 时，其叠加作用甚微；间距小于 1.8 m 时，压实区内所获得的相对密度大于 70%，此时三角形布置方式可以提供最大的叠加作用。Brown[83]结合试验结果，分析了土质条件、振冲器类型、振点间距、布点方式、填料、振冲器贯入和上提方式等对加固效果的影响。Metzger 和 Koerner[84]通过模型试验研究了初始相对密度、填料类型等对加固效果的影响以及加固效果随离开振冲器中心距离的变化规律。

我国科研人员也进行了大量的模型试验，中冶建筑研究总院、中国建筑科学研究院地基所研究了碎石桩的排水减压、抗液化影响范围、布桩范围以及深度对场地加固区抗液化性能的影响。王盛源[85]通过几个工程实例，研究了振冲法对砂土地基的加固机理。黄茂松和吴世明[86]对振冲法加固饱和粉砂地基进行了研究，包括液化分析和孔压变化规律分析。

国内目前常用的振冲碎石桩桩径为 0.8～1.0 m，填料宜使用角砾、碎石、砾砂、卵石、矿渣或粗砂等硬质材料，不宜使用砂石混合料。1977 年，Brown[83] 基于工程实践提出了一个衡量外加填料适用程度的定量指标"适宜数"S_n（Suitability number）：

$$S_n = 1.7\sqrt{\frac{3}{{D_{50}}^2} + \frac{1}{{D_{20}}^2} + \frac{1}{{D_{10}}^2}} \tag{1-2}$$

式中，D_{50}，D_{20}，D_{10} 分别为颗粒大小分配曲线上对应于 50%，20%，10%的颗粒直径(mm)。

叶书麟[87] 总结认为，振冲碎石桩在松散砂土中的加固机制为挤密、排水减压和预振效应，在软黏土中则主要为置换作用，振冲碎石桩与桩间土构成复合地基而共同作用。

（2）振冲碎石桩的适用范围

很多学者对土中的细粒含量对土体振冲加固效果的影响做了研究。Slocombe 等[88] 认为，填料振冲法可以用来加固细粒含量超过 45%的土体。Webb 和 Hall[89] 根据试验结果，认为细粒含量达 30%时，在距振冲器周围 1 m 以内仍有一定的加密效果。Harder 等[90] 分析了 Thermalito Afterbay 坝基的粉砂（细粒含量超过 20%，部分达 35%）用填料振冲法加固失败的例子，认为加固失败的原因是加固砂层上面的土层中有较高含量的细粒。Saito[91] 也指出，对于细粒含量超过 20%的砂土，振冲法几乎没有挤密效果。

振冲碎石桩法加固松软土体的机理清晰、明确，加固效果好，适用性广，但若软土强度过于低下，土的阻力始终不能平衡填料的挤入力，则无法形成桩体。目前一般认为振冲碎石桩法只适用于地基土不排水抗剪强度 $c_u > 20$ kPa 的情况[87]，但 Barksdale 等[92] 在 1983 年指出，振冲碎石桩法可适用于不排水抗剪强度 $c_u = 15 \sim 50$ kPa 的地基土以及高地下水位的情况。我国《建筑地基处理技术规范》（JGJ 79—2012）中也指出，对于不排水抗剪强度不小于 20 kPa 的饱和黏性土和饱和黄土地基，应通过现场试验确定其适用性。

（3）振冲法的工艺研究

随着振冲法的广泛应用，其施工器具也得到了快速发展。振冲法的施工器具主要包括振冲器、伸缩管和支撑吊机三部分，其中振冲器的性能对土体的加固效果起决定性作用。目前，国内外出现了各种型号的振冲器，根据其振动方向主要分为水平向振动振冲器（Vibroflot）、垂向振动振冲器（Vibratory Probe）以及水平垂直双向振动振冲器。水平向振动是国内外最常用的振冲方式，最早的振冲器就是采用这种方式。我国早期自行研制的一些振冲器如 ZCQ13 等也是采用水平向振动方式，目前国内外常用的水平向振动振冲器如表 1-2 所示。垂向振动振冲器一般基于振动杆原理设计，通过一个特别设计的长密实杆在管顶的重型振动器的激发下作垂向振动，并反复插入土体内部，达到加固周围土体的目的。水平垂直双向振动振冲器则兼具水平和垂直振动的各自优势，在工程实践中取得了很好的效果。

表 1-2(a) 国外常用的水平向振动振冲器的主要技术参数[59]

制造公司	Bauer	Bauer	Keller	Keller	Keller	Keller	Vibro	Vibro
型号	TR_{13}	TR_{85}	M	S	A	L	V_{23}	V_{42}
长度/m	3.13	4.20	3.30	3.00	4.35	3.10	3.57	4.08
直径/mm	300	420	290	400	290	320	350	378
主机重量/kg	1 000	2 090	1 600	2 450	1 900	1 815	2 200	2 600
电机功率/kW	105	210	50	120	20	100	130	175
振动频率/($r \cdot min^{-1}$)	3 250	1 800	3 000	1 800	2 000	3 600	1 800	1 500
振幅/mm	6.0	22.0	7.2	18.0	13.8	5.3	23.0	42.0
激振力/kN	150	330	150	280	160	201	300	472

表 1-2(b) 国内常用的水平向振动振冲器的主要技术参数

型号	ZCQ13	ZCQ30	ZCQ55	ZCQ75	ZCQ100	ZCQ132	ZCQ180	BJ30	BJ75
长度/m	1.97	2.44	2.64	3.01	3.10	3.32	4.47	2.00	3.00
直径/mm	273	351	351	351	402	402	402	375	426
主机重量/kg	780	940	1 430	1 670	1 900	2 536	2 820	850	2 050
电机功率/kW	13	30	55	75	100	132	180	30	75
振动频率/($r \cdot min^{-1}$)	1 450	1 450	1 460	1 460	1 460	1 480	1 480	1 450	1 450
振幅/mm	3.0	4.2	5.6	6.0	8	10.5	8.0	10.0	7.0
激振力/kN	35	90	130	160	190	220	300	80	160
偏心力矩/(N·m)	14.9	38.5	55.4	68.3	83.9	102.0	120.0		
额定电流/A	25.5	60.0	100.0	150.0	200	250.0	345.0	60.0	150.0

大量的研究表明，过高的振动频率虽有利于振冲器的贯入，但无益于土体振密，当振动频率接近土体颗粒振动频率而使土体处在共振状态时，加固效果最佳。叶书麟[87]提出，增大振动力可以提高加固效果和扩大影响范围，但加固效果与振动力并不呈线性关系，要根据现场土质情况和经验选择合适的振动力。王盛源[85]认为，当土体振动加速度为 $(1.0 \sim 2.0)g$ 时，孔隙水压力随加速度增大而增大；当加速度在 $2g$ 以上时，孔隙水压力基本不再增大，这说明过大的振动加速度对砂土加固是没有意义的。实测资料也表明，振动加速度和振动孔隙水压力随与振中距离的增加而呈指数关系衰减。Chang 等[93]利用振动台研究了振动频率、振动时间、振幅、加速度、初始密度、饱和度等因素对振动密实度的影响，得出砂土振动密实度存在最优振动加速度。

2）无填料振冲法

无填料振冲法与填料振冲法相比，具有施工更简便、工期更短和造价更低等优点，近年来许多学者对无填料振冲法进行了理论及试验研究。

（1）无填料振冲法加固机理的试验研究

无填料振冲法加固砂类土地基，一方面是依靠振冲器的强力振动和水的冲力在地基中产生的超静孔隙水压力，使振冲器周围砂土发生短暂液化或结构破坏，砂颗粒在自重和振动器的振动挤压作用下重新排列，孔隙减少；另一方面是依靠振冲器的反复强烈水平振动和侧向挤压作用将补充的周围自行塌陷的砂振动挤压密实，从而达到提高地基承载力和均匀性、消除不均匀沉降的加固目的。此外，振动作用还可以使可能发生液化的砂土产生预振效应，减小砂土在地震时产生的超静孔隙水压力，从而有效降低或消除砂土的液化趋势[94]。Greenwood 和 Kirsch[95]根据从振冲器侧壁向外加速度的大小将振冲器周围的土体分为 5 个区域，即紧靠振冲器侧壁的剪胀区、流态区、过渡区、挤密区和弹性区，如图 1-1 所示，并且认为只有过渡区和挤密区才有明显的挤密作用。过渡区和挤密区的大小不仅取决于砂土

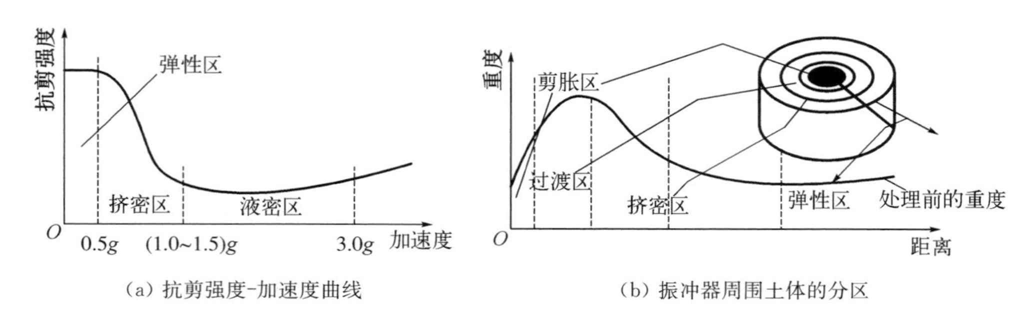

(a) 抗剪强度-加速度曲线　　(b) 振冲器周围土体的分区

图 1-1　砂土对振冲的理想反应

的性质(如初始相对密度、形状和级配、颗粒大小、土粒比重、地基应力、渗透系数等),还取决于振冲器的性能(如振动频率、振动力、振幅等)。在国内,李君纯等[96]认为,振冲加固砂性土的机制为挤振、浮振和固结作用。郑建国[97]认为,砂性土的振冲加固机制为挤密、排水减压和预振效应,造孔时主要为挤密过程,而上拔时主要为振密过程。

在试验研究方面,近几年我国学者对无填料振冲技术在加固饱和粉细砂及吹填细砂地基中的应用进行了研究,并取得了一定的进展。周健等[98]通过室内模型试验研究了粉细砂地基在无填料振冲中孔隙水压力空间分布规律、孔隙水压力增长与消散规律、相对密度和静力触探指标与振冲次数之间的关系等,定性地验证了无填料振冲法对于规范中未推荐使用的粉细砂土的适用性。同时,周健等[99,100]通过改进和革新传统的振冲工艺及施工参数现场试验,验证了级配较差的饱和疏松粉细砂地基采用无填料振冲法加固的有效性,探讨了振冲加固后粉细砂土强度的时间效应问题,并通过工程实践论证了无填料振冲法加固浅层吹填粉细砂及下卧扰动软黏土双层地基的适用性。周国钧[101]介绍了无填料振冲法在粉细砂地基中的应用研究。牟宏彬等[102]通过相关实际工程经验,介绍了无填料振冲法加固粉细砂地基的成功案例,并提出了适宜的施工参数。周健等[103]进行了现场试验,结果显示,双机共振的加固效果明显好于单机振冲的加固效果,三机共振的加固效果最佳,最大振动孔隙水压力随振源距在粉细砂中近似呈指数函数关系衰减,在中粗砂中近似呈幂函数关系衰减,加固区的土体强度在15天左右达到稳定。叶观宝等[104]推导了孔压变化的解析式,得到了一定条件下砂土地基临界液化时间的精确值。

(2) 无填料振冲法的应用范围

无填料振冲法按作用机理来分应属于振冲密实法,适用于振冲密实法的土体主要是砂类土。一般认为,粒径小于0.005 mm且黏粒含量不超过10%的砂类土都可以得到显著的挤密效果;若黏粒含量超过30%,则挤密效果明显降低。

目前,一般认为无填料振冲法仅适用于粒径小于0.074 mm且细粒含量不超过10%的中粗砂地基[87]。对于无填料振冲法加固粉细砂地基失败的原因,周健等[100]认为,一方面是由于传统的振冲工艺容易产生流态区而影响其最终的挤密效果;另一方面还与粉细砂的初始密实状态和黏粒含量有关。但随着越来越多的工程实践以及试验的进行,无填料振冲法已开始被应用于粉细砂地基[99],所以只要采用适当的振冲工艺,无填料振冲法是可以应用于粉细砂地基加固的。

(3) 无填料振冲法的国内工程实例

振冲法自1937年诞生以来得到了广泛的应用,无填料振冲也以其独有的优点应用于地基加固，根据前人的资料，表 1-3 总结了无填料振冲法成功应用的部分国内工程实例。

表 1-3　无填料振冲法的国内工程实例

工程名称	地基土类型	振冲最大深度/m	施工年份
澳门国际机场跑道区[103]	中粗砂	25	1993
广州黄埔港新沙港码头[104]	中粗砂	13.7	1995
青岛发电厂吹填砂地基加固[105]	中粗砂	8	1996
福州国际机场口岸园区地基处理[106]	细砂	6	1997
河北某单位篮球馆地基处理[107]	中粗砂	7.2	2002
上海港外高桥四期部分工程[108]	粉细砂	7	2002
上海国际航运中心洋山深水港一期工程[109]	粉细砂	15	2004
洋山深水港集装箱堆场[110]	粉细砂	5.5	2006
冀东南堡油田 1 号人工端岛[111]	粉砂	8.1	2007
陕西榆林迁建机场跑道工程[112]	粉细砂	5	2008
包西铁路榆林车站职工公寓楼地基加固[113]	细砂	9	2010

由表 1-3 可以看出，无填料振冲法在粉细砂地基中已经开始被应用，其在中粗砂中的振冲最大深度可达 25 m，甚至更深，而无填料振冲法在粉细砂地基中的加固深度最大也达 15 m。

1.3　现有研究的不足

（1）国内外对珊瑚礁砂工程性质的研究主要集中于浅海石油勘探开发中海底石油平台和桩基工程的设计与施工，将珊瑚礁砂用作工程填料的研究几乎为空白，国内外的相关规范均无此类岩土材料基本信息，无论是理论研究还是应用研究都不够，远不能解决当前海岸工程大量兴建与填筑材料奇缺的矛盾。

（2）国内外对振冲法加固吹填珊瑚礁砂地基的工程实践应用较少且理论研究依旧处于初级阶段，与其相关的理论和数值计算方法尚不成熟，对振冲法的理论研究远远落后于工程实践中的应用。

（3）尽管现阶段振冲法已经发展为一种常用的地基处理方法，但对于振冲法加固珊瑚礁砂土的机理和设计理论还处于初步研究阶段，需要进一步研究其加固机理，并根据工程实践和现场试验结果，总结提出相应的设计方法和施工指南。

1.4 本书主要研究内容

我国沿海大型码头越建越多，填筑材料特别紧缺，如何利用吹填珊瑚礁砂作填料，节能、经济、环保地实现工程造陆成了亟待解决的技术难题。本书开展了珊瑚礁砂物理成分、基本物理力学性质及工程性质试验研究，并用强夯法和振冲法加固吹填珊瑚礁砂地基，对比地基加固前后的 SPT、CBR 及压实度等试验结果，最后提出了振冲法加固吹填岛礁工程的设计方法及施工指南。具体研究内容如下：

（1）调研分析吹填珊瑚礁砂的物理成分及基本力学特性，通过开展颗分、一维压缩、静三轴试验和现场试验全面分析珊瑚礁砂的基本工程性质。

（2）选定试验区开展强夯法和振冲法加固地基试验研究，通过现场试验研究对比强夯法和振冲法的优缺点及适应范围，同时通过数值计算方法揭示强夯法和振冲法的加固机理，由现场试验和数值分析结果确定最优振冲工艺，指导岛礁吹填工程大面积施工。

（3）整理分析现场试验研究成果，总结提出了振冲法加固珊瑚礁砂地基的设计方法及施工指南。

第 2 章　吹填珊瑚礁砂宏细观物理及静力学特性

2.1　概述

珊瑚礁砂作为一种极为特殊的砂质土，无论是其颗粒的矿物组成还是颗粒形貌都显著区别于一般陆相、海相沉积砂。钙质生物骨架如珊瑚礁、贝壳等生物残骸是珊瑚礁砂的主要沉积源，由于自然沉积过程中，大多砂粒保留了原生物残骸中细小的孔隙，这也造成了其工程力学性质的特殊性。本章主要对珊瑚礁砂钙质颗粒的基本物理化学性质和力学特性进行分析。通过电镜扫描(SEM)试验，对珊瑚礁砂的颗粒形貌进行宏细观分析；通过 Mini-X 射线衍射试验，对珊瑚礁砂的矿物组成进行分析；通过物理特性试验，对珊瑚礁砂的比重、相对密实度等基本物理参数进行测定；通过对珊瑚礁砂不同粒径组颗粒开展高压固结试验，分析颗粒粒径、颗粒形状等变化对珊瑚礁砂压缩特性及颗粒破碎特征的影响；通过对自级配砂样进行一系列常规三轴剪切试验，考虑了有效围压、相对密实度等因素的影响，系统分析珊瑚礁砂的强度及变形特性、颗粒破碎特征等，并对颗粒破碎对临界状态线的影响进行试验探究。

2.2　珊瑚礁砂的基本物理化学性质

2.2.1　颗粒形状分析

对于砂土而言，颗粒形状和颗粒级配一样，都是显著影响其变形及强度特征的因素。颗粒形状的改变会改变颗粒之间的接触关系和颗粒的几何排布，进而对土样的抗剪强度、剪胀角、内摩擦角等造成影响。因此，研究珊瑚礁砂力学性质时，考虑其颗粒形貌特征的影响是十分必要的。

采用上海交通大学分析测试中心的拉曼图像-扫描电子显微镜联用仪(图 2-1)，获取典型珊瑚礁砂颗粒微观图像。为保证颗粒图像的清晰，首先需对测试样品进行清洗，再放入烘箱进行 24 h 烘干。扫描电子显微镜是在真空环境下，利用极窄的高能电子束对颗粒进行扫描，以获取珊瑚礁砂颗粒的各种物理信息，收集这些信息后进行放大、再成像来实现颗粒的微观形貌表征，具有景深大、成像立体效果好等优点。由于珊瑚礁砂颗粒不具有导电性，试验前需对颗粒进行喷金处理，颗粒两端还需粘贴导电胶带进行“搭桥”，以提高颗粒表面的导电能力。四种典型的珊瑚礁砂颗粒形貌如图 2-2 所示，分别为块状、片状、枝状、贝壳状颗粒放大 50 倍、500 倍、5 000 倍的微观图像。

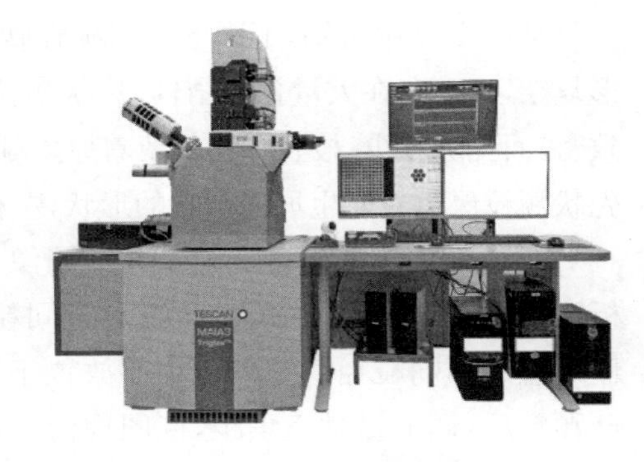

图 2-1　拉曼图像-扫描电子显微镜联用仪

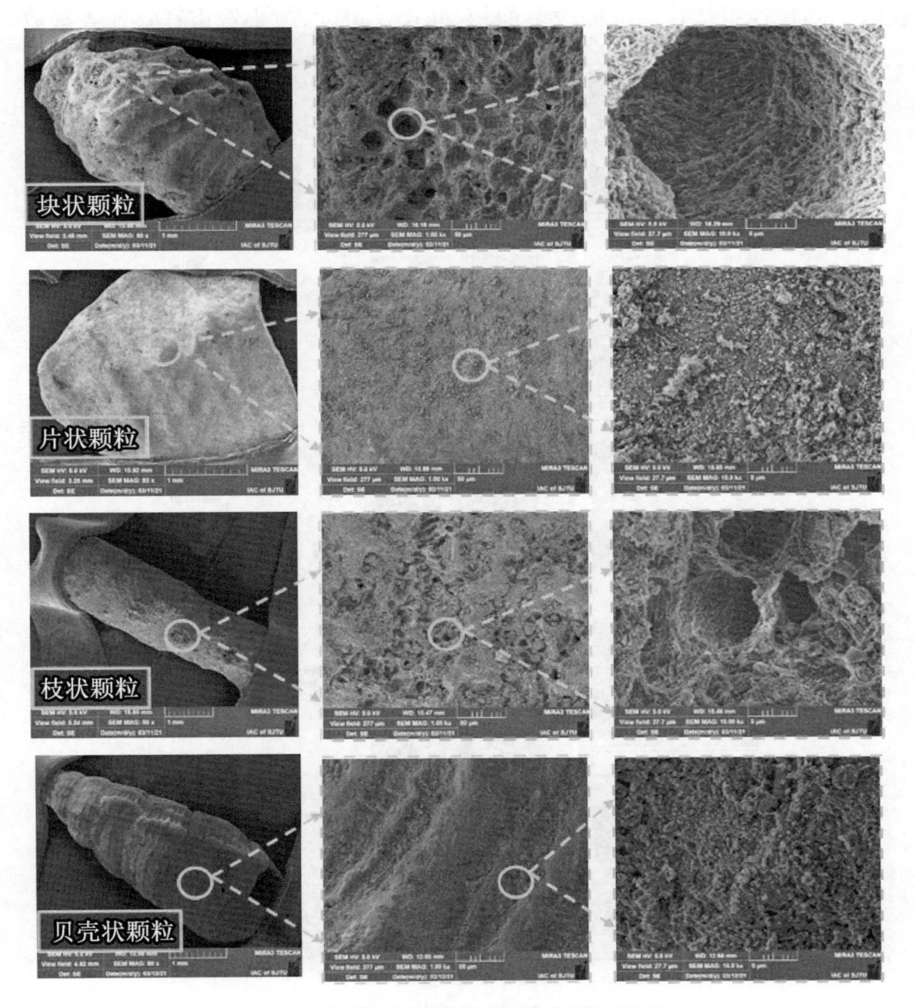

图 2-2　典型珊瑚礁砂颗粒电镜扫描图

从图 2-2 中可知，不同形状珊瑚礁砂颗粒的面孔隙存在明显差异：块状颗粒外形复杂，表面存在大量孔隙结构；片状颗粒大多为贝壳状颗粒破碎后形成，颗粒表面致密，面孔隙较少；枝状颗粒保留着原生珊瑚残枝的形态，表面分布着大量微孔隙；贝壳状颗粒保留着原生贝壳生物的形状，颗粒表面致密，但颗粒内部存在巨大孔洞。

图 2-3 为珊瑚礁砂的宏观颗粒图像，宏观上看以块状颗粒为主，为了进一步分析颗粒形状的差异，利用显微镜对不同粒径组的颗粒进行了形貌观察。试验时将珊瑚礁砂不同粒径组的颗粒小心放置于干净的透明载玻片（黑色背景）上，均匀铺开颗粒后，调节显微镜焦距，待图像清晰后进行图像采集。利用 ImageJ 软件对图像中的颗粒轮廓进行分析，首先需对图像进行黑白二值化处理，确定好比例尺后，可获取不同粒径组颗粒对应的投影面积、周长及最大、最小费雷特直径等参数。

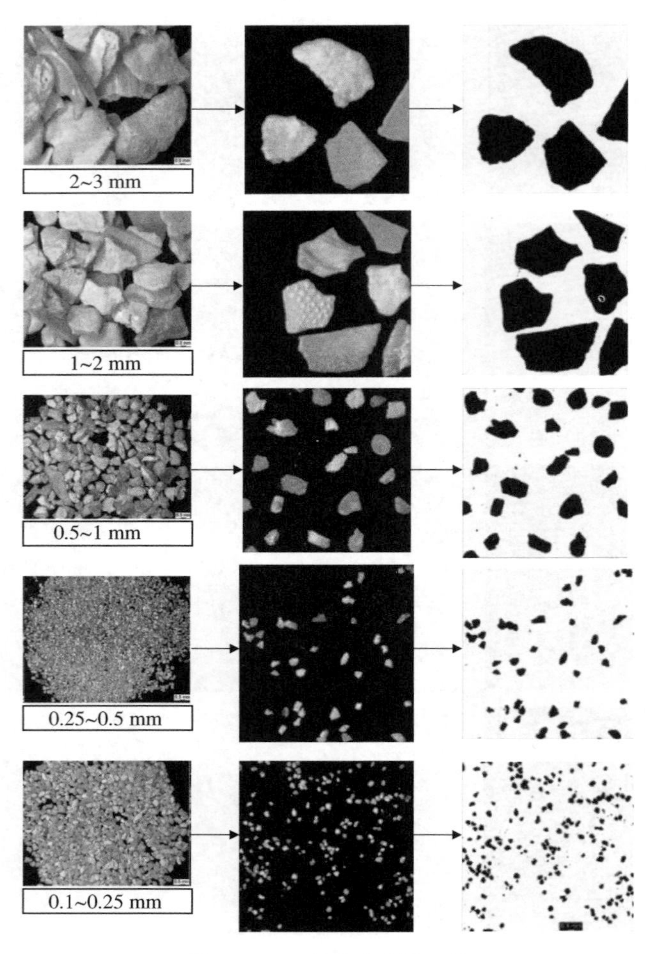

图 2-3　珊瑚礁砂试样颗粒

Mandelbrot 等[114]提出可以利用颗粒材料的分形维数表征其形状的复杂性。分形维数 D_P 计算选用面积-周长法，即根据不同粒径组颗粒的投影周长(L)和投影面积(A)进行计算。由于两种珊瑚礁砂颗粒投影的形状边界并不规则，当图形边界线不规则时，其分形维数满足 $L^{1/D_P} \propto A^{1/2}$ 的关系，将其比例系数设为 α，对其两端取对数后将满足以下关系式：

$$\lg L = \frac{D_P}{2}(\lg A + \alpha) \tag{2-1}$$

对珊瑚礁砂试样随机选取了 80 个以上的砂粒进行统计，得到其颗粒投影对应的分形维数，如图 2-4 所示。由图可知，小于 2 mm 的粒径组颗粒投影面积与周长之间均表现出良好的线性关系，大于 2 mm 的粒径组颗粒投影面积与周长之间的线性关系拟合结果较差，这可能是由于该粒径组颗粒之间颗粒形状差异过大。

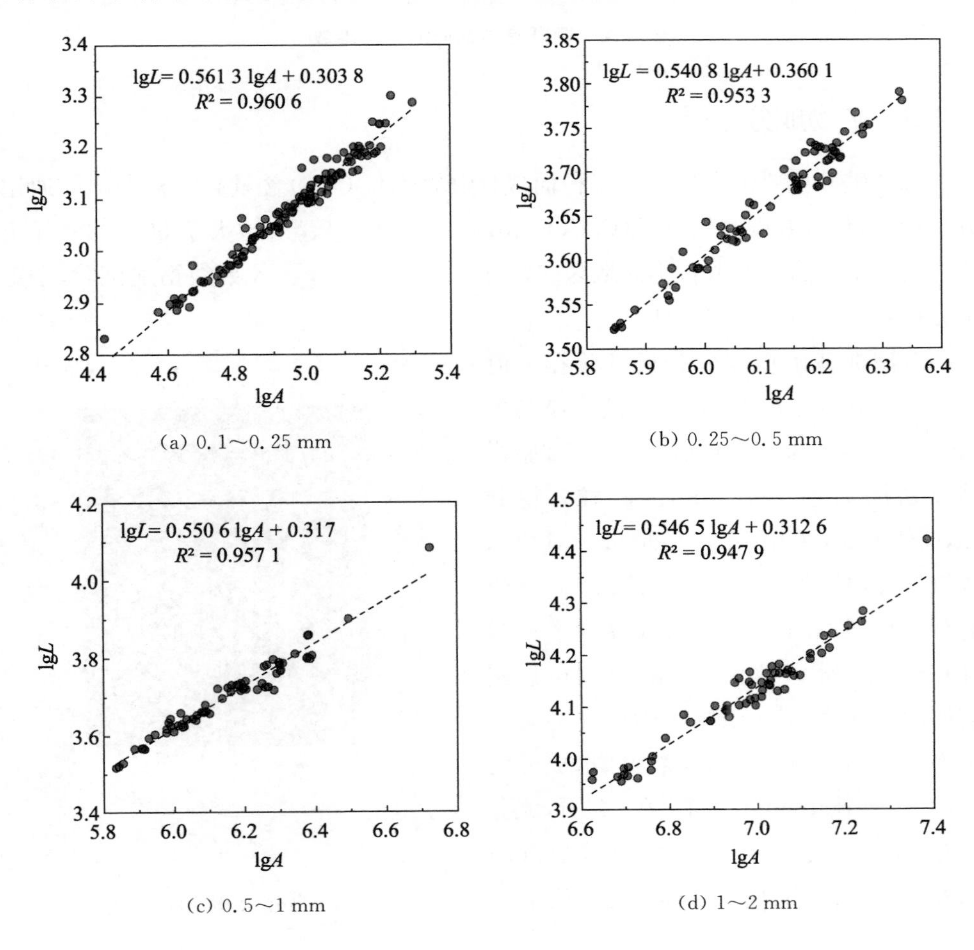

(a) 0.1～0.25 mm

(b) 0.25～0.5 mm

(c) 0.5～1 mm

(d) 1～2 mm

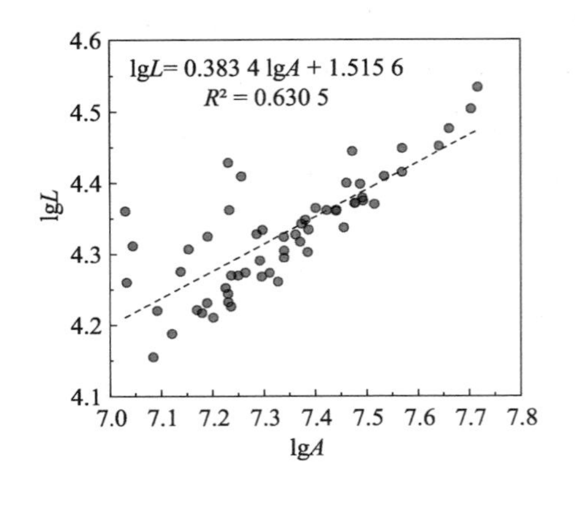

(e) 2～3 mm

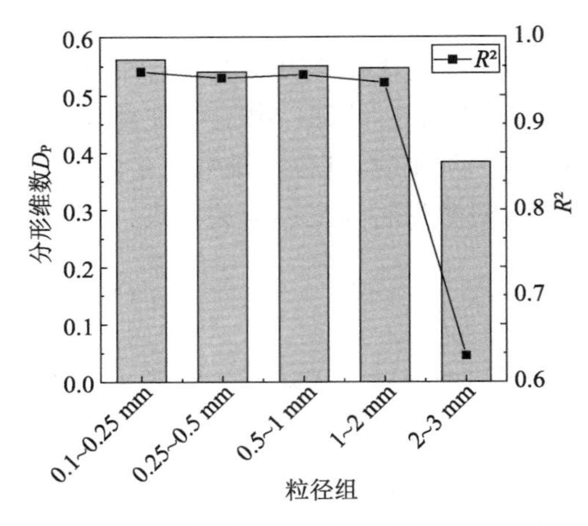

(f) 不同粒径组的分形维数分布

图 2-4 珊瑚礁砂试样的分形维数

2.2.2 矿物成分分析

珊瑚礁砂主要由生物骨架沉积而成，碳酸钙($CaCO_3$)含量高。根据国际通用分类标准，将等效碳酸钙含量($CaCO_3$、$MgCO_3$ 等难溶碳酸盐)大于 50%的海洋土称为钙质土。这里对取自不同地区的两种珊瑚礁砂进行了 X 射线衍射试验，半定量分析其矿物组成。

珊瑚礁砂矿物成分分析试验在上海交通大学分析测试中心完成，试验设备为 Mini-X 射线粉末衍射仪(图 2-5)，试验样品需研磨为小于 10 μm 的颗粒。得到 XRD 数据后，采用 MDI Jade 6.0 对数据进行处理，处理步骤为平滑曲线(去除衍射杂峰)→物相检索(自动寻峰与手动寻峰)→数据导出→图像绘制，得到衍射图谱如图 2-6 所示。珊瑚礁砂试样的主要矿物成分为 Aragonite(生物文石，成分为 $CaCO_3$)和 Kutnahorite[镁锰方解石，成分为 $Ca(Mn,Mg)(CO_3)_2$]，换算等效碳酸钙含量为 95.4%，属于高纯度的钙质土。

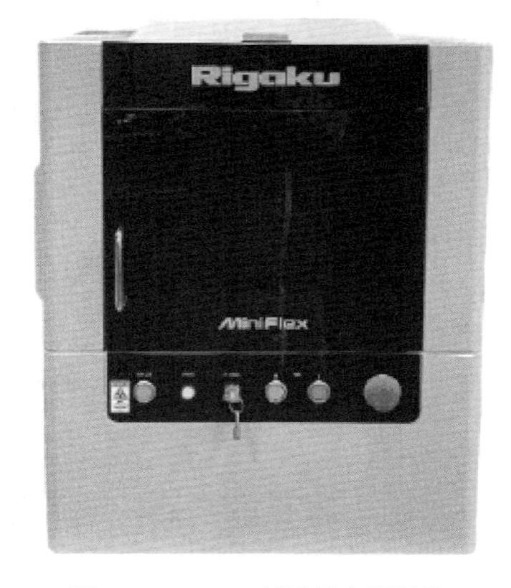

图 2-5 Mini-X 射线粉末衍射仪

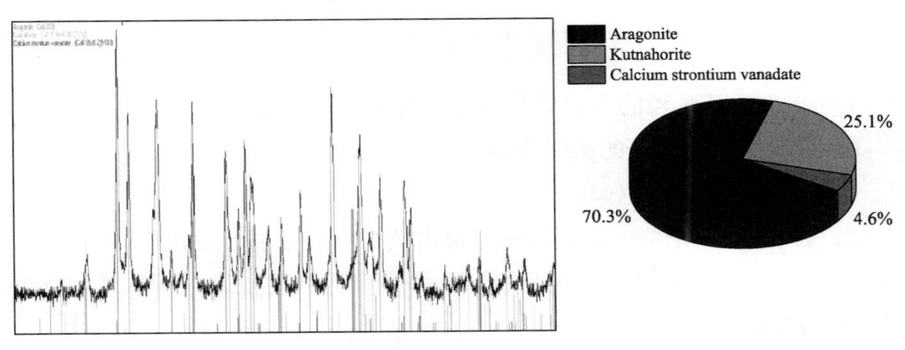

图 2-6　珊瑚礁砂试样的 X 射线衍射试验结果

2.2.3　物理特性分析

1. 颗粒筛分试验

将试验所用的未胶结的珊瑚礁砂颗粒经蒸馏水洗净后，放置在烘箱中维持温度 110℃烘干 8 h 以上。根据《土工试验规程》(SL 237—1999)[115]，使用 ZBSX 92A 型振筛机进行颗粒筛分试验，如图 2-7 所示。将烘干的珊瑚礁砂试样倒入孔径从大到小依次叠好的筛网内，振筛后得到 3～2 mm，2～1 mm，1～0. 5 mm，0. 5～0. 25 mm，0. 25～0. 1 mm，0. 1～0. 075 mm 及小于 0. 075 mm 粒径组的珊瑚礁砂试样，分装备用。为减小颗粒筛分试验误差，每次振筛时间均控制在 20 min，每次均使用同一套筛网。

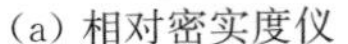
(a) 相对密实度仪　　(b) 激光粒度仪

图 2-7　颗粒级配分析仪器

$$x=\frac{m_{\mathrm{A}}}{m_{\mathrm{B}}}d_{\mathrm{x}} \tag{2-2}$$

式中 x——小于某粒径的试样质量占试样总质量的百分数(%)；

m_{A}——小于某粒径的试样质量(g)；

m_{B}——试样总质量(g)；

d_{x}——粒径小于 2 mm 的试样质量占试样总质量的百分比(%)。

对于粒径小于 0.075 mm 的钙质粉土，采用激光粒度仪进行颗粒级配分析。

2. 颗粒比重

土的颗粒比重是指土在温度为 105～110℃的条件下烘干至恒定质量时，与同体积的 4℃纯水质量的比值。根据《土工试验规程》(SL 237—1999)[115]，土颗粒比重可以在实验室内直接测定，但对于粒径大小不同的砂土，需采用不同的测定方法。由于本书试验所使用的珊瑚礁砂颗粒粒径均小于 5 mm，根据规范可以选用比重瓶法进行测定，具体操作流程如下：

(1) 准备好短颈比重瓶(100 mL)、天平(精度 0.001 g)、温度计等测量仪器，并进行检定。

(2) 将比重瓶烘干后，称取 15 g(m_{d})珊瑚礁砂样品，并小心装入比重瓶中。

(3) 将蒸馏水加入装有样品的比重瓶内，至瓶身一半，再轻轻晃动瓶体，并将其放入砂浴中煮沸(注意不要使悬液溢出)，液体沸腾后需维持 30 min，以保证完全排除土中空气。

(4) 将水注满短颈比重瓶，待瓶内固液分层、温度稳定后，塞好瓶塞，并擦干溢出的水分，进行称重(瓶、水、土总质量 m_2)。

(5) 将比重瓶内混合液体倒出后洗净，再将其加满蒸馏水，塞好瓶塞后称重(瓶、水总质量 m_1)。

(6) 根据式(2-3)，进行珊瑚礁砂比重计算。

$$G_{\mathrm{s}}=\frac{m_{\mathrm{d}}}{m_1+m_{\mathrm{d}}-m_2}\cdot G_{\mathrm{wt}} \tag{2-3}$$

式中 G_{s}——土颗粒比重；

m_{d}——烘干土的质量(g)；

m_1——瓶、水的总质量(g)；

m_2——瓶、水、土的总质量(g)；

G_{wt}——温度为 t 时蒸馏水的比重。

3. 相对密实度

相对密实度 D_r 是描述砂样内部颗粒之间接触紧密程度的指标，可通过当前孔隙比之差与最大、最小孔隙比之差的比值来计算。相对密实度的大小会对砂土的剪胀性、内摩擦角等造成显著影响，因此需要对珊瑚礁砂样品的最大干密度与最小干密度进行测定，以方便后续试验过程中控制砂土的相对密实度。最小干密度测定采用漏斗法，具体步骤如下：

(1) 首先将漏斗立于容器底面中央，再缓慢将干燥的珊瑚礁砂试样倒入漏斗中，倒入过程中需注意防止土样在漏斗中分离，要一次性倒入比所需量稍多的砂样。

(2) 将漏斗缓慢地沿着容器的中心线提升，提升过程中保持漏斗口与容器中砂堆顶端相连，持续提升至容器被砂土填满并溢出为止。

(3) 用毛刷轻拂去容器边缘的砂粒，再用直刀将容器顶部刮平。

(4) 测量容器、砂的总质量，根据容器体积，换算出最小干密度。

为减少最大干密度测量过程中的颗粒破碎，不采用国内 JDM-2 型电动相对密度仪，而是选用水平敲击法测定珊瑚礁砂的最大干密度，具体测试步骤如下：

(1) 将领环装在容器上方后，将砂土分 10 层装入。

(2) 每装入一层砂土后，边转动容器边用木槌从水平方向敲击容器 100 下，使砂土密实。具体操作时，需一只手捏着容器和领环，另一只手握住木槌沿着桌面滑动，以保证水平敲击容器。木槌的振动幅度约为 5 cm，1 s 内连续敲击容器同一点 5 次。

(3) 在第 9 层砂土敲击密实后，容器基本被填满，此时需对第 10 层砂土填入量进行适当调整，使得该层土密实后能高出容器。

(4) 待第 10 层砂土密实后，取走领环，用直刀刮平容器顶部。

(5) 测量容器、砂的总质量，根据容器体积，换算出最大密实度。

相对密实度计算如式(2-4)—式(2-8)所示。

$$\rho_{\mathrm{d\,min}}=\frac{m_{\mathrm{d}}}{V_{\max}} \tag{2-4}$$

$$\rho_{\mathrm{d\,max}}=\frac{m_{\mathrm{d}}}{V_{\min}} \tag{2-5}$$

$$e_{\max}=\frac{\rho_{\mathrm{w}}G_{\mathrm{s}}}{\rho_{\mathrm{d\,min}}}-1 \tag{2-6}$$

$$e_{\min}=\frac{\rho_{\mathrm{w}}G_{\mathrm{s}}}{\rho_{\mathrm{d\,max}}}-1 \tag{2-7}$$

$$D_{\mathrm{r}}=\frac{(\rho_{\mathrm{d}}-\rho_{\mathrm{d\,min}})\rho_{\mathrm{d\,max}}}{(\rho_{\mathrm{d\,max}}-\rho_{\mathrm{d\,min}})\rho_{\mathrm{d}}}=\frac{e_{\max}-e}{e_{\max}-e_{\min}} \tag{2-8}$$

式中 $\rho_{\mathrm{d\,min}}$——最小干密度($\mathrm{g/cm^3}$)；

$\rho_{\mathrm{d\,max}}$——最大干密度($\mathrm{g/cm^3}$)；

m_{d}——干燥试样的质量(g)；

$V_{\max}$——试样最大体积($\mathrm{cm^3}$)；

$V_{\min}$——试样最小体积($\mathrm{cm^3}$)；

D_{r}——相对密实度；

ρ_{d}——目标土体干密度($\mathrm{g/cm^3}$)；

e——土体的孔隙比。

2.3 室内试验

2.3.1 侧限压缩试验

土体在外力作用下发生颗粒重排，从而导致孔隙结构被压缩、土体体积减小的现象称为压缩。工程上常用压缩系数 a_{v}、压缩模量 E_{s} 来表征土体的压缩性。对于未胶结的珊瑚礁砂颗粒而言，其压缩性不仅受颗粒重排的影响，而且随着竖向压力的逐渐增大，颗粒将产生明显的破碎，进而也会显著影响其压缩性。颗粒破碎是一种会受到颗粒形状、颗粒级配等因素的变化影响的复杂演变过程。本节将珊瑚礁砂试样筛分后，对其不同粒径组颗粒进行了高压固结试验(侧限压缩试验)，以分析颗粒形状、中值粒径 d_{50} 等因素对其压缩性及颗粒破碎的影响。

1. 试验过程

本节侧限压缩试验所用的仪器为自主改装的高压固结仪，如图 2-8 所示，利用气压施加竖向荷载，最大轴向应力可达 8 000 kPa，试样尺寸为 ϕ61.8 mm×20 mm，轴向位移测量采用位移百分表，量程为 10 mm，精度为 0.01 mm。

侧限压缩试验流程如下：

(1) 按测定好的相对密实度(本试验均控制为 $D_{\mathrm{r}}=80\%$)，称取所需珊瑚礁砂试样。

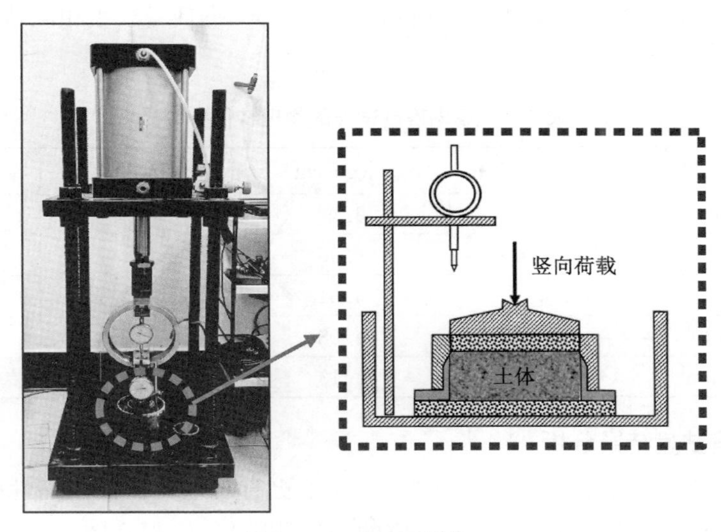

图 2-8　高压固结仪

(2) 在固结盒内依次放入底部透水石、底环、滤纸及环刀。将称好的砂样分 4 份依次倒入，每层需用击实器击实表面，并用游标卡尺测量其是否达到目标高度，依次填装剩余砂样，当最后一层砂样填装完毕时，砂样表面应与环刀最高面相平，再依次放入滤纸、透水石和加压盖板。

(3) 调节高压固结仪上部气阀，抬升加压竖杆，调节固结盒位置，使加压盖板凹槽处对准加压竖杆中心处，调节位移百分表，尽量预留充足下压量程。

(4) 缓慢调节气阀，放下加压竖杆，使其与加压盖板凹槽处刚好接触，此时记录下位移百分表的初始读数。

(5) 开始施加竖向荷载，加载路径为 62.5，125，250，500，1 000，2 000，4 000，8 000 kPa。将试样压缩量小于 0.01 mm/h 视为压缩稳定的判断标准，达到压缩稳定后才可施加下一级荷载。为分析珊瑚礁砂压缩后的回弹变形，待最后一级加载荷载稳定后，对试样进行卸载，卸载路径为 8 000，4 000，2 000，1 000，500 kPa，变形稳定的判断标准与加载时相同。

(6) 试验结束后，小心取出固结盒中的珊瑚礁砂试样，进行颗粒筛分试验，以定量分析其颗粒破碎程度。

2. 试验材料

取烘干后筛分好的珊瑚礁砂试样，对粒径组为 3～2 mm，2～1 mm，1～0.5 mm，0.5～0.25 mm，0.25～0.1 mm 的珊瑚礁砂试样进行侧限压缩试验，各粒径组试样的物理特性参数如表 2-1 所示。由表可知，即使粒径组相同，颗粒形状差异将显著影响其初始孔隙比。

表 2-1　珊瑚礁砂试样的物理特性参数

粒径组	$\rho_{min}/(g \cdot cm^{-3})$	$\rho_{max}/(g \cdot cm^{-3})$	$D_r/\%$	e
3～2 mm	0.90	1.00	80	1.7
2～1 mm	0.86	0.98		1.84
1～0.5 mm	0.87	1.01		1.76
0.5～0.25 mm	0.91	1.08		1.55
0.25～0.1 mm	0.97	1.13		1.43

3. 压缩试验结果分析

由于砂样的初始孔隙比 e_0 存在差异，为了更直观地对比其压缩性的差异，将各级压力下记录的孔隙比 e 除以其对应的初始孔隙比 e_0，得到图 2-9 所示的不同粒径组颗粒归一化的压缩曲线。由图可知，各粒径组试样的压缩曲线均呈平缓—急剧的变化趋势，压缩变形主要发生在屈服点之后。此外，由于试样的初始密实度较高，所以在初始加载阶段（0～100 kPa），颗粒之间只能发生十分有限的相对移动，压缩量变化很小；在卸载回弹阶段，回弹曲线基本呈一条水平直线，表明珊瑚礁砂在压缩过程中产生的变形多为塑性变形。图 2-10 给出了珊瑚礁砂各粒径组试样压缩模量 E_s 随轴向应力 p 的发展曲线。由图可知，试样的压缩模量随颗粒粒径减小呈增大的趋势，并且其各粒径组的压缩模量大小差距较小，表明珊瑚礁砂试样各粒径组均表现出较高的压缩性。

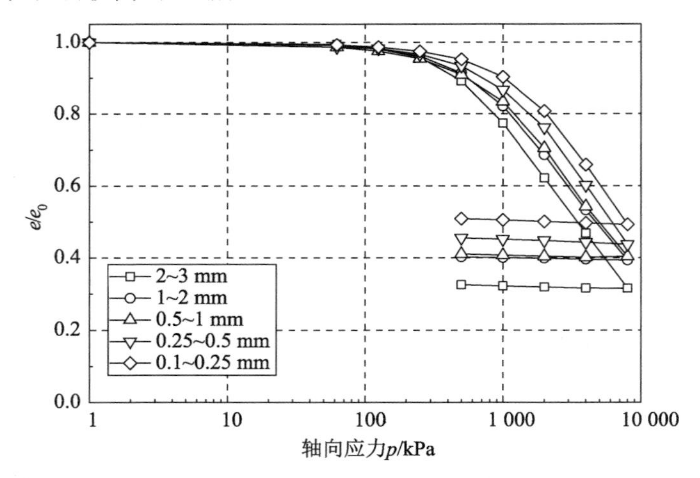

图 2-9　不同粒径组珊瑚礁砂归一化的压缩曲线

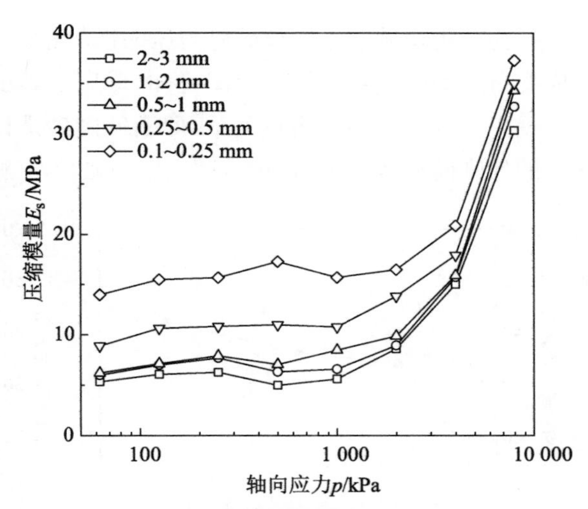

图 2-10 压缩模量随轴向应力的发展

4. 颗粒破碎特征分析

颗粒破碎程度的量化参数选用 Hardin[54] 提出的相对破碎率 B_r，定量描述两种珊瑚礁砂颗粒破碎前后的颗粒分布情况。相对破碎势 B_r 定义为试验前后颗粒产生的总破碎势 B_t（破碎前后颗粒级配曲线与粉土最大粒径 0.074 mm 竖直线所围成的面积）与初始破碎势 B_p（颗粒初始级配线与粉土最大粒径 0.074 mm 竖直线所围成的面积）的比值。计算公式如下：

$$B_r = \frac{B_t}{B_p} \tag{2-9}$$

图 2-11 给出了各粒径组试样在压缩前后的颗粒级配演化曲线，依此计算珊瑚礁砂试样的相对破碎率 B_r。图 2-12 给出了相对破碎率与中值粒径 d_{50} 的关系曲线。由图可知，在压缩荷载作用下，珊瑚礁砂试样的各粒径组颗粒均产生了较明显的颗粒破碎。

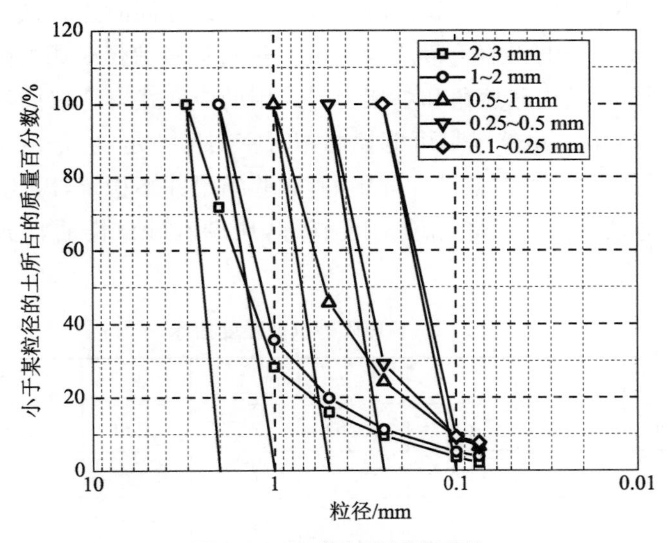

图 2-11 颗粒级配演化曲线

为分析珊瑚礁砂颗粒破碎与压缩性的相关性，图 2-13 给出了相对破碎率与总应变量之间的关系曲线。由图可知，珊瑚礁砂试样的总应变量与颗粒破碎率之间呈现出良好的幂函数增长关系，即珊瑚礁砂试样的压缩变形量会随着颗粒破碎程度的加剧而显著增大，这也表明了颗粒破碎与珊瑚礁砂高压缩性之间的密切联系。

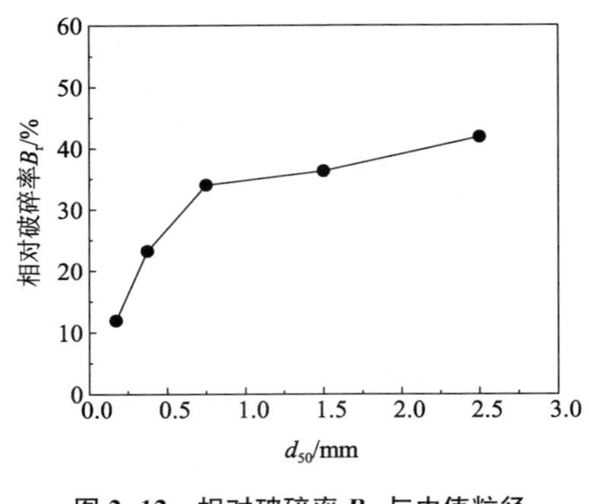

图 2-12　相对破碎率 B_r 与中值粒径 d_{50} 的关系

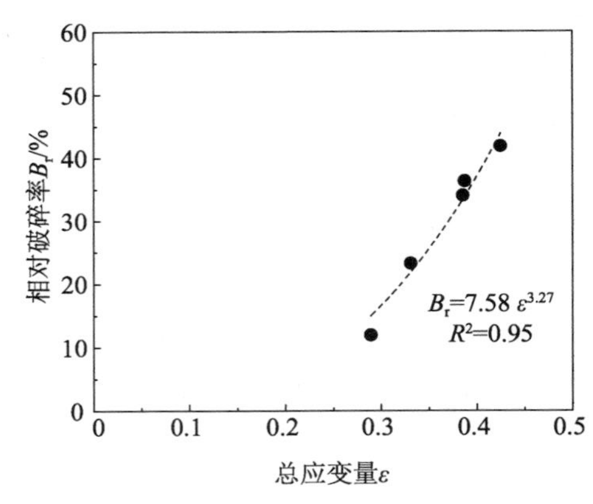

图 2-13　相对破碎率 B_r 与总应变量 ε 的关系

2.3.2　直剪试验

试验采用 TKA－DSS－4 四联直剪仪，可 4 个试样同时进行试验。剪切盒装样直径为 61.8 mm，试样装样高度为 40 mm。通过该直剪仪对珊瑚礁砂进行直接剪切试验，得到砂样的内摩擦角和黏聚力。采用的应变式直剪仪的量力环系数为 1.955 kPa(0.01 mm)，虽然已尽可能控制相对密实度一定，但是由于珊瑚礁砂颗粒大小的不均匀性以及受颗粒破碎等影响，试验结果并不稳定，因此，对每种砂采用多次测量的方法寻找所需的抗剪强度指标，珊瑚礁砂试样的直剪试验结果如表 2-2所示。

表 2-2　珊瑚礁砂抗剪强度指标

砂样 I 第一批	1	2	3	4	5	6	平均值
黏聚力 c/kPa	11.86	12.43	10.07	12.72	11.66	12.69	11.91
内摩擦角 φ/(°)	41.26	42.96	38.70	41.09	41.69	41.58	41.22
相关系数	0.99	1.00	0.99	0.99	0.99	0.99	0.99

（续表）

砂样Ⅰ第二批	1	2	3	4	5	6	平均值
黏聚力 c/kPa	9.21	11.46	8.02	8.38	9.24	11.66	9.66
内摩擦角 φ/(°)	38.89	40.85	42.77	42.42	42.26	41.69	41.48
相关系数	0.99	0.99	0.99	0.99	0.99	0.99	0.99
砂样Ⅱ	1	2	3	4	5	6	平均值
黏聚力 c/kPa	3.26	1.56	0.13	3.68	5.00	3.58	2.86
内摩擦角 φ/(°)	34.21	34.65	35.79	34.73	35.34	34.99	34.95
相关系数	1.00	0.99	0.99	0.99	0.9998	0.99	0.99

由试验结果可知，砂样Ⅰ的内摩擦角在38°～43°之间，黏聚力在10 kPa左右，与刘崇权等[33]得出的珊瑚礁砂的内摩擦角在35°～45°之间，黏聚力在10 kPa左右的结果是比较符合的。珊瑚礁砂的抗剪强度指标大于一般陆源砂（内摩擦角约为35°，黏聚力约为0 kPa），这是因为珊瑚礁砂的棱角较大，颗粒间相互形成咬合，体现了珊瑚礁砂特殊的力学性质。而珊瑚礁砂样Ⅱ，从肉眼观察结果来看，砂样的颜色与前两批不同，粗颗粒也相对较少；从筛分结果来看，砂样Ⅱ也异于砂样Ⅰ，其抗剪强度指标近似于陆源砂，这可能是由于级配不同，颗粒间的相互作用也不同。

2.3.3　三轴剪切试验

1. 试验仪器

试验仪器为英国GDS公司生产的全自动应力路径控制三轴仪，型号为GDSTTS40，如图2-14所示。仪器主要由刚性三轴围压室、围压控制器、反压控制

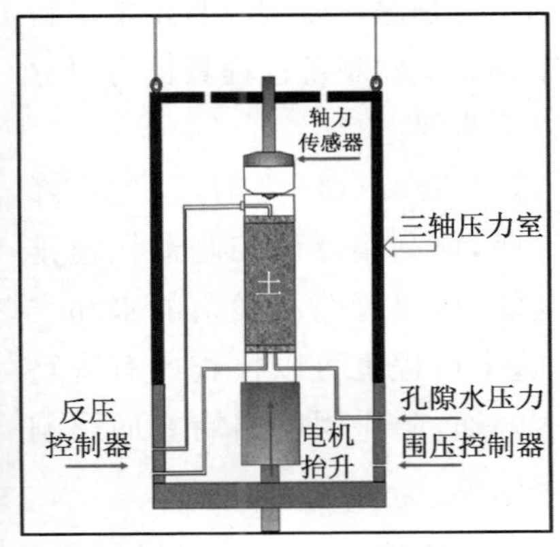

图2-14　全自动应力路径控制三轴仪

器、GDS 静态 Minidyn 加载系统、数据采集器及 PC 程序控制端组成。试样加载可以通过 GDSLAB 程序控制压力室底部伺服电机施加轴向压力或轴向位移。围压/反压控制器最大量程为 3 MPa，压力最小分辨率为 1 kPa；孔隙压力传感器最大量程为 3.5 MPa，压力最小分辨率为 0.1 kPa；轴向位移传感器量程为±50 mm，精度为 0.7‰ FRO；轴压传感器最大量程为 16 kN，精度为 0.1‰ FRO。

2. 试验准备

1）试样级配

三轴试验材料为取自某岛礁的珊瑚礁砂，考虑到单一粒径组的颗粒级配不具有普遍代表性，因此，初始级配为自级配砂样（表 2-3），按照 $d_{10}=0.50$ mm，$d_{30}=1.05$ mm，$d_{60}=1.53$ mm，$C_u=3.03$，$C_c=2.55$ 配置砂样，得到级配曲线如图 2-15 所示。经测定，自级配珊瑚礁砂试样的最大干密度 $\rho_{d\max}=1.54$ g/cm^3，最小干密度 $\rho_{d\min}=1.36$ g/cm^3。

表 2-3　自级配珊瑚礁砂试样物理特性参数

物理量	d_{10}/mm	d_{30}/mm	d_{60}/mm	C_u	C_c	G_s	$\rho_{d\max}$/(g·cm^{-3})	$\rho_{d\min}$/(g·cm^{-3})
参数	0.50	1.05	1.53	3.03	2.55	2.74	1.54	1.36

2）试样制备

试样制备尺寸为直径 39.1 mm，高 80 mm。由于珊瑚礁砂颗粒多棱角，在试样制备过程中极易造成橡胶膜破裂，导致试验失败。试样的正确制备是保证后续试验正常进行的基础。试样制备过程具体可以分为以下步骤：

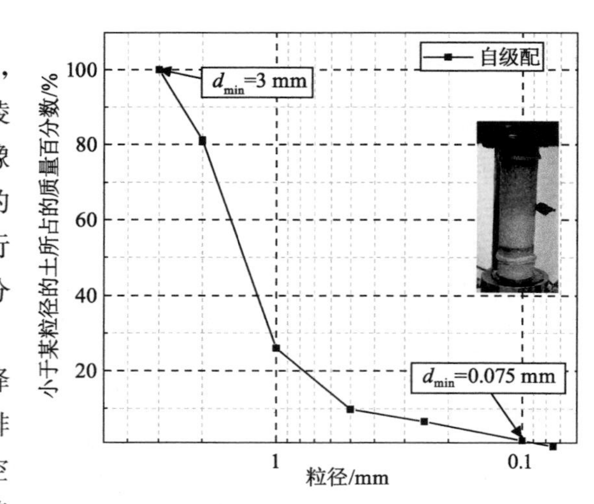

图 2-15　初始颗粒级配曲线

（1）安装试样之前，首先需降下底座，再利用反压控制器快速排水功能，排出管路中残余的水和空气，这个过程也可以检查所有管路是否畅通，防止因管路堵塞而影响试验结果。

（2）按测定的相对密实度，称量所需的珊瑚礁砂试样。将橡胶膜套在承膜筒上后，采用洗耳球对抽气孔抽气，使橡胶膜与承膜筒内壁贴合，在底座上放置好透水石（金属透水石）和滤纸后，将承膜筒放置在底座上。将称好的干砂，分层装入承膜筒中，每层砂样倒入后用木槌轻击承膜筒外壁，再用击实器轻压砂面，使试样达到预定密实度，待最后一层砂样压实完毕，再依次放入上部滤纸和透水石。

(3) 将制备好的试样放置在仪器底座上，依次固定好上、下橡胶圈，测量试样的高度与直径，将试样的上排水接入自主加装的真空槽，对试样抽负压后观察孔压传感器是否能维持住负压，若可以维持住负压，则说明橡胶膜完好，试验可以继续进行。

(4) 抬升底座，直至上部试样帽与仪器顶部刚好接触，此时，轴压传感器归零。放下钢围压室，拧紧螺栓后，向压力室内注水，直至压力室顶部螺帽处有水溢出时，停止注水，拧紧顶部螺帽，完成试样安装。

3) 试样饱和

通过自主加装的 CO_2 气瓶、背压水槽和真空水槽，依次对试样进行 CO_2 饱和、过水饱和和反压饱和。具体步骤如下：

(1) 将上排水接入真空槽，下排水接 CO_2 气瓶，通过观察真空水槽中的气泡逸出速度和孔压传感器的数值调节 CO_2 气压阀，控制通气时间为 30 min 左右，基本保证试样孔隙中的空气全部被 CO_2 置换。

(2) 关闭上、下排水阀后，将下排水接入背压水槽（无气水）进行过水饱和，通过无气水溶解孔隙中的 CO_2。

(3) 过水饱和完成后，将上、下排水接入反压控制器（要先对反压控制器进行快速排水后再接入），开始反压饱和，控制有效固结围压为 30 kPa，分 4 级加压，每级持续 2 h，每级反压分别为 100，200，300，400 kPa，至试样饱和度达到 95%，才可进入固结剪切阶段。

3. 试验过程

本章试验以自级配珊瑚礁砂试样为研究对象，开展了一系列三轴固结排水/不排水剪切试验。试样考虑相对密实度为 70%（密砂）和 30%（松砂）两种情况，有效固结围压从 300 kPa 到 2 000 kPa，具体试验方案如表 2-4 所示。试验过程中保持剪切速率恒定，均采用 0.1 mm/min。轴向加载的终止应变设定为 30%，剪切结束后关闭上、下排水阀，卸除围压，打开围压排水阀，降低试样高度至初始位置。待围压室的水排尽后，依次取下钢围压室、试样帽，小心拆下剪切后的珊瑚礁砂试样，将其放入锡纸盘中烘干后，进行颗粒筛分试验，分析其破碎情况。

表 2-4　自级配珊瑚礁砂三轴静力剪切试验方案

相对密实度 D_r	有效围压/kPa	排水条件	剪切速率 $v/(\mathrm{mm \cdot min^{-1}})$
30%	60,100,150,200, 300,600,1 000,1 500,2 000	CD	0.1
70%	300,600,1 000,1 500,2 000		
70%	300,600,1 000,1 500,2 000	CU	

4. 试验结果分析

图 2-16 给出了 $D_r=30\%$时自级配珊瑚礁砂试样在不同固结应力下的排水剪切试验结果。图中体积应变发展为正值时代表试样剪胀，负值代表试样剪缩。由图 2-16(a)(b)体积应变-轴向应变关系曲线可知，当固结应力较小时，在剪切荷载作用初期，试样均先产生剪缩，但随着轴向应变的发展，珊瑚礁砂试样出现了明显的剪胀现象，而在较高固结应力条件下，试样出现持续剪缩现象，即随着轴向应变的发展不会出现剪胀。由图可知，当有效固结围压为 60 kPa 时，试样体积应变先出现负增长(剪缩)，随着轴向应变增大至 1.2%时，土样即达到相变状态(即砂土在剪切应力作用下体积应变由剪缩向剪胀转变的界限状态)，此时试样孔隙比 e 或孔隙体积的变化速率均为 0，轴向应变经过该点后，试样开始发生明显的剪胀，在轴向应变达到 2%时，试样体积应变已呈现正值，待剪切至终止应变时，试样经剪胀作用后体积应变增大至 8%。当有效固结围压为 100，150，200，300 kPa时，试样均表现出初期剪缩、后期剪胀的现象，但发生相变时的轴向应变对应值会随着有效固结围压的增大而增大，即围压越大，剪切初始阶段试样经历的剪缩过程越长。当有效固结围压增大至一定值时，颗粒之间的相对移动受到限制，试样的剪胀明显减弱。当有效固结围压达到 600 kPa 时，随着轴向应变的增大，试样仅表现出极其轻微的剪胀，经过相变点后，试样的体积应变基本不发生改变，剪切至终止应变时，试样体积应变依然呈现负值(剪缩)。当有效固结围压达到 1 000 kPa时，珊瑚礁砂试样表现为绝对剪缩，随着轴向应变的发展，试样体积应变不断减小(持续剪缩)。

相较于普通石英砂，前人大量研究均表明相同应力条件下珊瑚礁砂的体积应变更大。从颗粒形状的角度分析，珊瑚礁砂颗粒多棱角、不规则，在相同密实度条件下，珊瑚礁砂颗粒之间接触处易形成复杂的孔隙结构。从颗粒强度的角度分析，珊瑚礁砂颗粒易破碎，而且颗粒内部分布着大量连通/封闭的内孔隙，相较于强度较高的硅质砂颗粒，珊瑚礁砂颗粒在剪切应力作用下会产生显著的破碎，颗粒破碎导致内孔隙释放，加之颗粒之间孔隙的填充，使得珊瑚礁砂产生较大的体积应变。

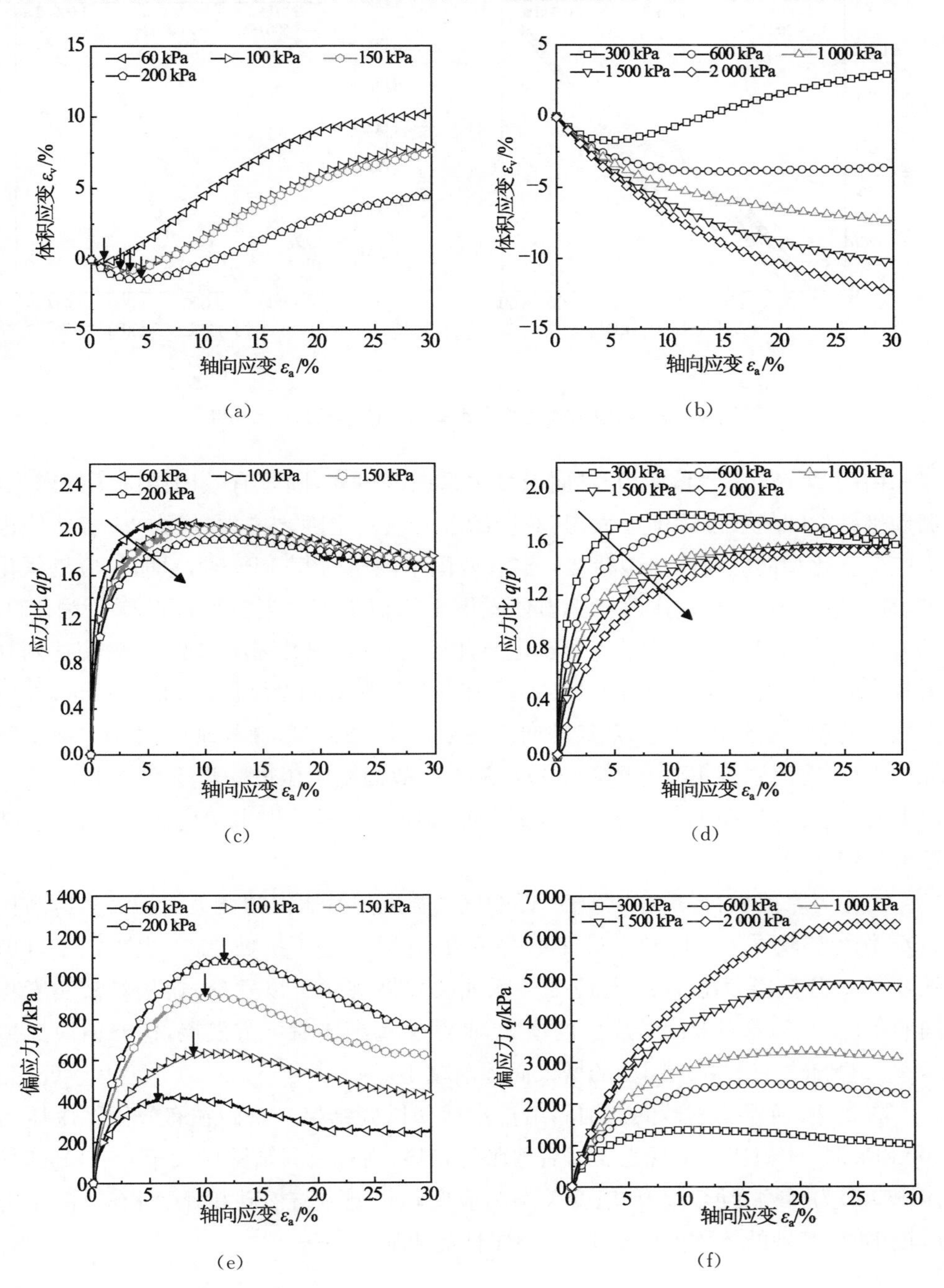

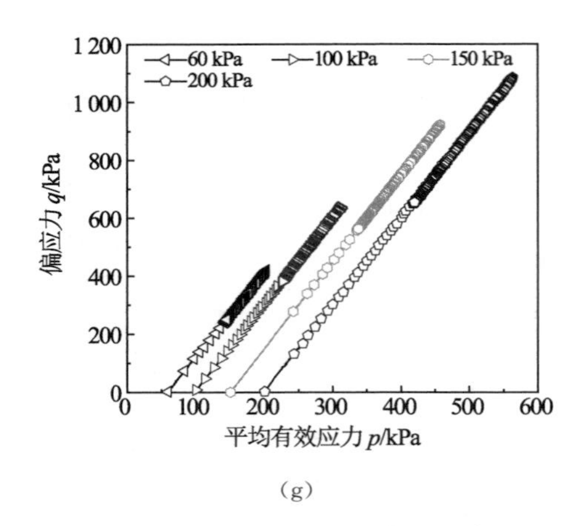

(g)

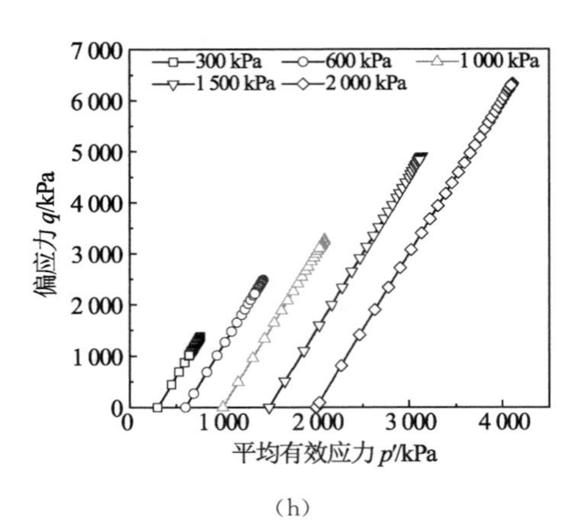

(h)

图 2-16　典型三轴固结排水剪切试验结果(D_r=30%)

由图 2-16(e)(f)偏应力-轴向应变关系曲线可知,随着有效固结围压的增大,珊瑚礁砂的峰值强度逐渐增大,其对应的轴向应变也随之增大,应力-应变曲线也由应变软化型向应变硬化型转变。当有效固结围压为 60 kPa 时,呈明显应变软化型,轴向应变增大至 6%时,偏应力便发展至峰值强度。当有效固结围压为 100,150,200,300 kPa 时,依然呈应变软化型,但随着有效固结围压的增大,剪切达到峰值强度时对应的轴向应变由 6%增大至 13%。当有效固结围压达到 600 kPa 时,应变软化的现象已经不明显,直到轴向应变发展至 18%时,珊瑚礁砂试样才剪切至峰值强度,之后强度也没有明显下降。随着有效固结围压进一步增大至 1 000 kPa 以上时,直到发展至轴向终止应变,试样的偏应力发展呈现出初期快速增长、后期逐渐稳定的趋势。

土作为摩擦材料,具有压硬性(即刚度和强度随着压力的增大而增大),应力比 q/p' 作为反映土体抗剪能力最简单的参数,它既决定了抗剪刚度,也决定了抗剪强度[80]。分析应力比 q/p' 与应变关系曲线发展规律可以发现,在相对密实度相同的条件下,随着有效固结应力的增大,曲线会逐渐向右下方发展,即峰值应力比 q/p'_{max} 会随着有效固结围压的增大而逐渐减小。

图 2-17 所示为密砂的三轴固结排水剪切试验结果。密砂在有效固结围压为 300 kPa 时,体积变化呈现先压缩后剪胀的趋势;当有效固结围压大于 600 kPa 时,体积变形为压缩变形,应力-应变关系为应变硬化型。与松砂相比,当有效固结围压较小时,密砂的体积剪胀量更大,剪胀性更明显。

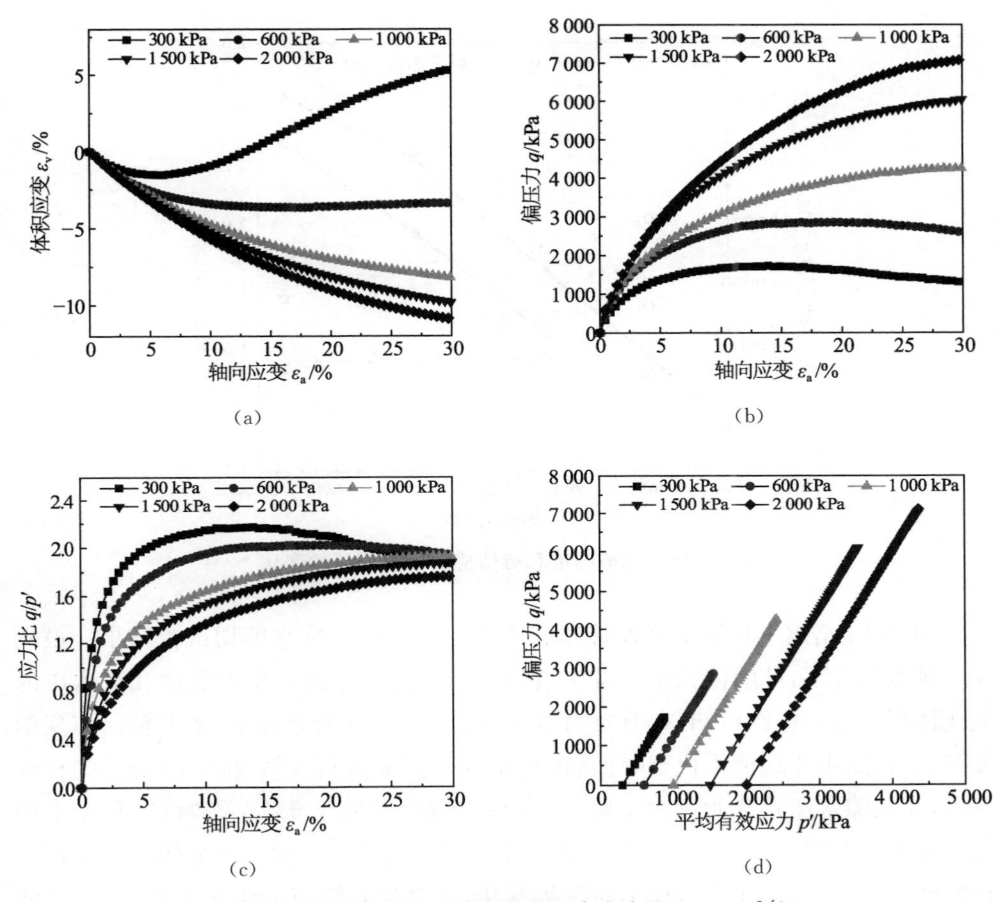

图 2-17　典型三轴固结排水剪切试验结果(D_r=70%)

剪切压缩过程中孔隙体积变化与强度变化之间存在着密切联系，在剪切荷载作用初期，无论是松砂还是密砂，都会发生剪缩(孔隙体积压缩)，只是在低围压条件下，密实试样剪缩持续的过程会短于松散试样。在试样体积应变达到相变状态之前，试样偏应力快速发展，几乎呈线性增长。随着轴向应变的继续发展，达到相变点后，体积应变变化速率快速增长至最大值。剪应力的增大，使得颗粒之间发生相互错动，以缓解颗粒内部不平衡应力的增大，从而导致孔隙形状、颗粒和孔隙的排列情况发生变化(剪胀现象)，造成土的孔隙体积变化[116]。在此过程中，珊瑚礁砂颗粒多棱角，颗粒接触处易产生明显的应力集中，高应力作用下颗粒间的相对移动很可能造成颗粒破碎，从而在一定程度上减弱了试样的剪胀性。图 2-18 所示为峰值强度和峰值应力比随围压的变化。

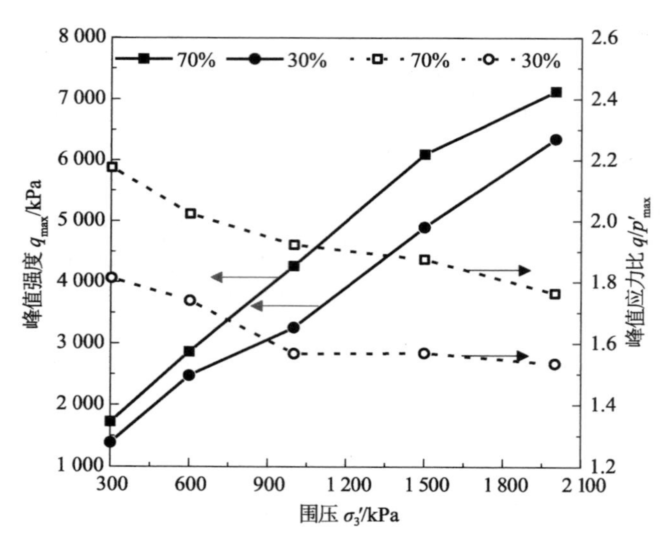

图 2-18　峰值强度和峰值应力比随围压的变化

图 2-19 给出了自级配珊瑚礁砂试样的三轴固结不排水剪切试验结果。虽然在不排水条件下,孔隙体积不会发生改变,但剪胀、剪缩的现象将通过孔隙水压的变化体现出来。由图可知,在有效固结围压为 300 kPa 的条件下,随着轴向应变的发展,超孔隙水压逐渐累积至峰值(正孔压),与排水试验类似,轴向应变达到相变点后,超孔隙水压将开始缓慢下降,并在轴向应变发展至 5%左右时,超孔隙水压变为负值。孔隙水压在剪切初期的快速增大表明试样在初期剪应力作用下存在明显的剪缩趋势,由于孔隙体积不能发生变化,土骨架收缩应力作用于孔隙水上,使得孔隙水压快速增大;经过相变点后,试样的剪胀趋势又使得孔隙水压缓慢下降,在不同围压条件下,孔隙水压下降的速率基本一致。当有效固结围压增大至 600,1 000,1 500,2 000 kPa 时,已经不会产生负孔压,且随着有效固结围压的增大,峰值孔隙水压也随之增大,试样剪缩性增强。相较于固结排水剪切试验,不排水条件下应力比 q/p'的初期发展速率明显更快,对于本试验,基本在轴向应变达到 5%之前就已经达到峰值应力比。在不同围压条件下,应力比随轴向应变的发展曲线相对集中,发展趋势相似(都是先陡升至最大应力比,再缓慢下降并趋于平稳),与排水试验类似,随着围压的增大,峰值应力比也呈下降趋势。从应力-应变曲线可以看出,与排水剪切试验存在明显差异,在不同有效固结围压条件下,偏应力随轴向应变的发展模式基本相同,在剪应力作用初期,偏应力陡升(基本沿着同一直线上升),待达到相变点后,增长速率减缓,缓慢上升达到峰值后开始下降。分析不排水

剪切应力路径，初期平均有效应力向左发展表明孔隙水压增大，达到相变点后，孔隙水压发展稳定，随着轴向偏应力的增大，平均有效应力开始向右发展（增大），最后达到临界状态线。

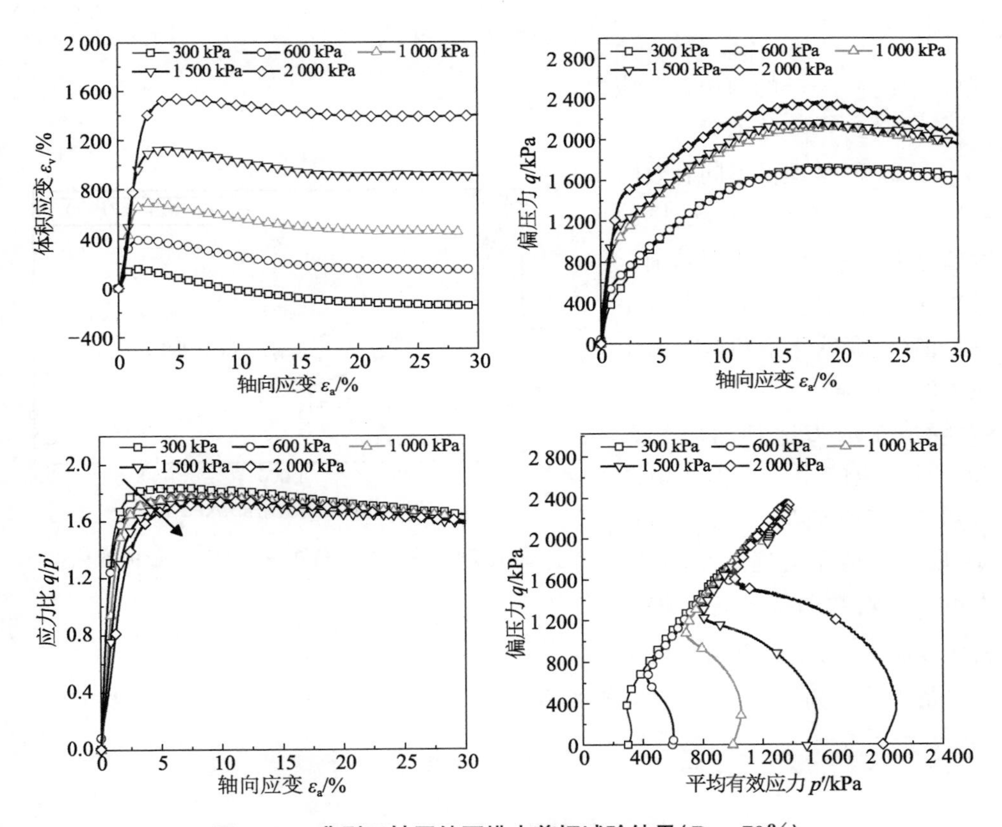

图 2-19　典型三轴固结不排水剪切试验结果(D_r=70%)

1）珊瑚礁砂的强度特性分析

土的强度是指一定条件下土体抵抗剪切破坏或变形的能力[117]。土的强度作为土最重要的力学性质之一，会受到许多因素的影响。对于砂土而言，化学成分、颗粒形貌、级配组成、密实度等都是影响其强度的因素。对于工程实际问题而言，能否获取准确的强度参数，将直接关乎土基上建筑物的工程安全性。三轴试验是获取强度指标的有效途径之一，下面将根据试验结果对珊瑚礁砂的强度特性进行分析。

对于颗粒材料而言，摩擦和剪胀作用可以用摩擦角和剪胀角进行量化，以反映材料的强度和剪切特性。砂土的密实度、固结围压等都会引起这两个参数的变化（强度和剪胀特性的变化）。对于珊瑚礁砂而言，颗粒破碎也会在颗粒相互作用中发挥重要作用,也将反映为对土体摩擦角和剪胀角的影响。

峰值摩擦角 φ'_p 的计算公式如下:

$$\sin\varphi'_p=\frac{(\sigma'_1)_p-(\sigma'_3)_p}{(\sigma'_1)_p+(\sigma'_3)_p} \tag{2-10}$$

式中 $(\sigma'_1)_p$ ——峰值第一主应力;

$(\sigma'_3)_p$ ——峰值第三主应力。

图 2-20 整理了不同有效固结围压、密实度条件下,试样的峰值摩擦角 φ'_p 与有效固结围压 σ'_3 的关系。偏应力-应变曲线出现峰值(应变软化型)时,峰值主应力取峰值强度;当不出现峰值时,峰值主应力取轴向应变为20%时对应的主应力值。由图可知,随着有效固结围压的增大,峰值摩擦角会逐渐减小(基本可以用对数曲线拟合);相对密实度越大,峰值摩擦角越大。

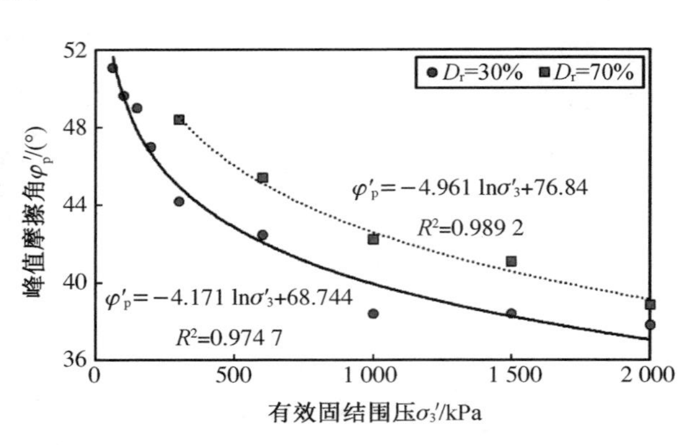

图 2-20 峰值摩擦角随有效固结围压的变化

最大剪胀角 Ψ_{max} 的计算公式如下:

$$\Psi_{max}=\arcsin\frac{-\left(\dfrac{d\varepsilon_v}{d\varepsilon_a}\right)_{max}}{2-\left(\dfrac{d\varepsilon_v}{d\varepsilon_a}\right)_{max}} \tag{2-11}$$

式中 $d\varepsilon_v$ ——体积应变增量;

$d\varepsilon_a$ ——轴向应变增量;

$\left(\dfrac{d\varepsilon_v}{d\varepsilon_a}\right)_{max}$ ——体积应变增量与轴向应变增量比值的最大值。

砂土在剪切过程中常发生剪胀现象,剪胀程度可以用剪胀角进行量化。对于珊瑚礁砂而言,其颗粒多棱角、不规则,导致低围压条件下会产生明显的剪胀,根据式(2-11)进行计算,剪胀角随有效固结围压的变化趋势如图 2-21 所示。由图可知,与峰值摩擦角变化类似,最大剪胀角也随着有效固结围压的增大呈幂函数递减。

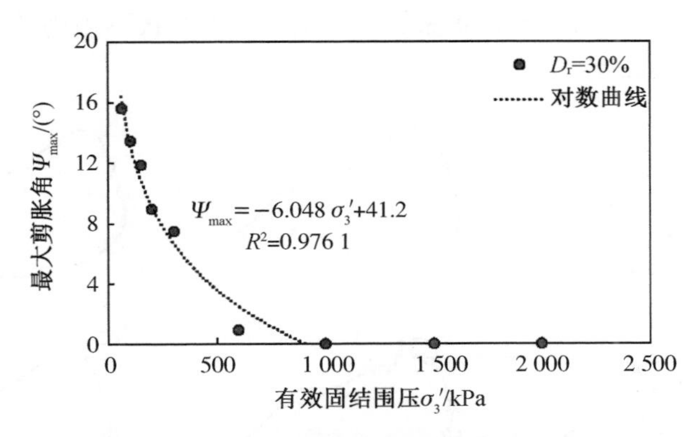

图 2-21　最大剪胀角随有效固结围压的变化

2）珊瑚礁砂的颗粒破碎分析

珊瑚礁砂颗粒强度低，砂粒受外部荷载作用时易发生破碎，形成多个大小相等或不等的小颗粒。颗粒破碎的影响直观表现为颗粒级配的变化，级配的变化将直接影响颗粒的力学特性，破碎前后试样截面 CT 扫描结果如图 2-22 所示。深入分析珊瑚颗粒破碎演化形式及其对强度、临界状态等的影响，是正确认识珊瑚礁砂地基工程力学性质的基础。

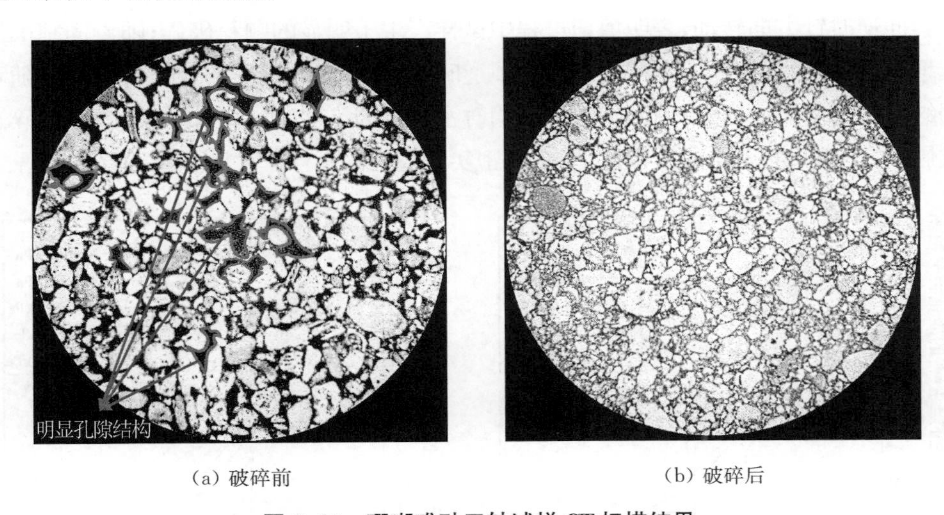

(a) 破碎前　　(b) 破碎后

图 2-22　珊瑚礁砂三轴试样 CT 扫描结果

Guyon 等[118]将颗粒材料的破碎形式分为三种(图 2-23)：①颗粒直接破裂成数块大小一致的颗粒，称为破裂；②颗粒外部破碎形成数块大小不一的小颗粒和一块较大的颗粒，称为破碎；③颗粒棱角发生研磨，原颗粒大小基本不发生变化，仅表面研磨出少量粉粒，称为研磨。张家铭[24]指出，对于形状不规则的颗粒，在棱角处易产生应力集中而断裂。

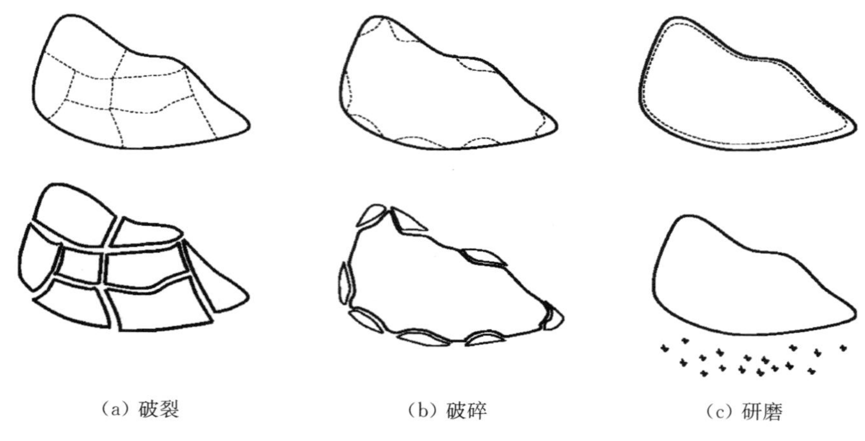

(a) 破裂　　(b) 破碎　　(c) 研磨

图 2-23　颗粒破碎的形式

将剪切试验结束后的珊瑚礁砂试样小心拆下后，放入锡纸盘烤干后进行颗粒筛分试验，以分析不同固结围压条件下剪切后产生的颗粒破碎情况，得到的颗粒级配演化曲线如图 2-24 所示。由图可知，珊瑚礁砂试样经历单调剪切后，颗粒级配曲线会向逆时针方向转动，表明剪切过程中试样产生了明显的颗粒破碎；随着固结围压的增大，级配曲线绕初始级配曲线发生了逆时针旋转，表明试样的颗粒破碎程度随着固结围压的增大而增大；珊瑚礁砂试样相对密实度的不同，也会对试样的颗粒破碎造成影响，在相同的固结围压条件下，相对密实度越大的试样产生的颗粒破碎越显著。

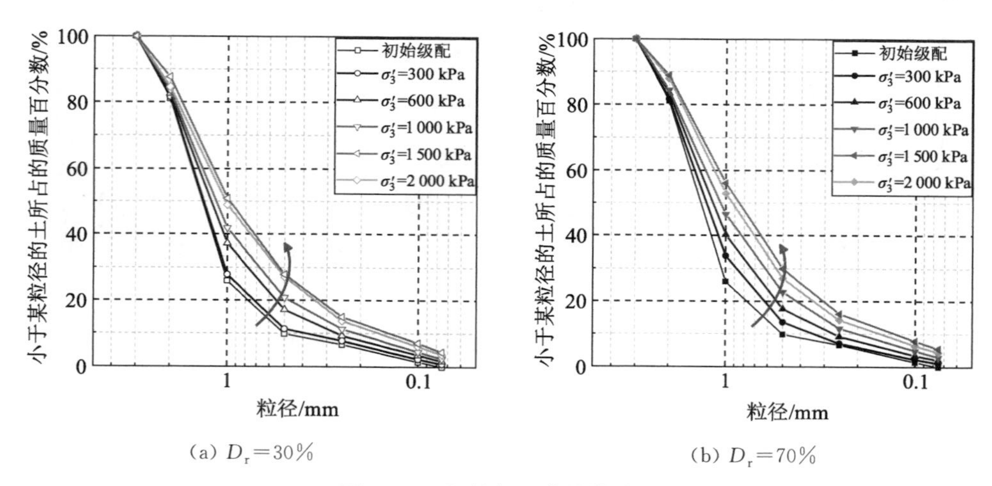

(a) $D_r=30\%$　　(b) $D_r=70\%$

图 2-24　颗粒级配曲线的演化

砂土的颗粒破碎问题一直是研究关注的重点，目前针对这方面的研究主要在颗粒破碎的定量描述、颗粒破碎的演化规律以及颗粒破碎对强度、变形、临界状态等的影响分析。目前常用的描述颗粒破碎程度指标有 Hardin[54] 提出的相对破碎率，但考虑到颗粒破碎存在极限，即破碎到一定程度后颗粒级配趋于稳定，因此，Einav[55] 在相对破碎率概念的基础上，将粉土最大粒径线 0.074 mm 的限制去除，引入了极限颗粒级配曲线（颗粒破碎能达到的分形极限），对总破碎量和破碎潜能进行修正后，得出了修正相对破碎率 B_r^* 的概念（图 2-25），对不同材料，B_r^* 的数值范围均在 0～1 之间变化。

$$B_r^* = \frac{B_t^*}{B_p^*} \tag{2-12}$$

式中　B_t^* ——修正总破碎量（初始颗粒级配曲线与试验后颗粒级配曲线之间的面积）；

B_p^* ——修正破碎潜能（初始颗粒级配曲线与极限颗粒级配曲线之间的面积）。

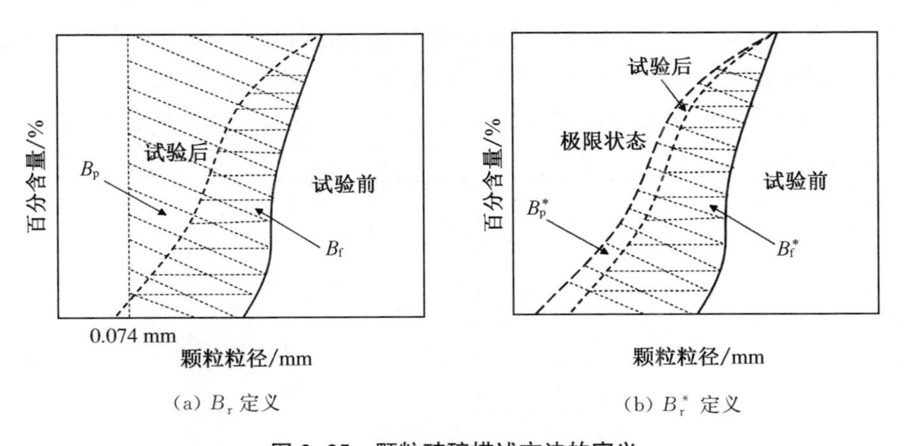

(a) B_r 定义　　(b) B_r^* 定义

图 2-25　颗粒破碎描述方法的定义

图 2-26 为两种相对密实度的自级配珊瑚礁砂在不同有效围压条件下，得到的相对破碎率 B_r 和修正相对破碎率 B_r^* 随初始有效围压 σ_3' 的变化情况。由图可知，随着初始有效围压的增大，B_r^* 和 B_r 均不断增大，但 B_r^* 的计算结果明显大于 B_r，且直线拟合后的斜率也更大，说明修正相对破碎率 B_r^* 对围压变化有更好的灵敏度。当固结应力为 300 kPa 时，松砂的 B_r^* =1.12%，B_r=0.775%，均接近 0，说明基本没有产生颗粒破碎；此时密砂的 B_r^* =12.34%，B_r=5.11%，说明已经发生了

颗粒破碎。随着有效围压的增大，颗粒破碎开始变得明显，且密砂的颗粒破碎量远大于松砂，这与李彦彬等[28]的研究结果类似。松砂在有效围压小于 300 kPa 的条件下，基本没有破碎，因此可将 300 kPa 认为是松砂的破碎围压阈值。Thevanayagam 等[62]的研究指出，少量的颗粒破碎引起的细颗粒增加是不会改变原土骨架颗粒之间的接触状态的，也不会改变其承载力。这说明在颗粒破碎较少时，初始级配对应的临界状态不会发生变化。

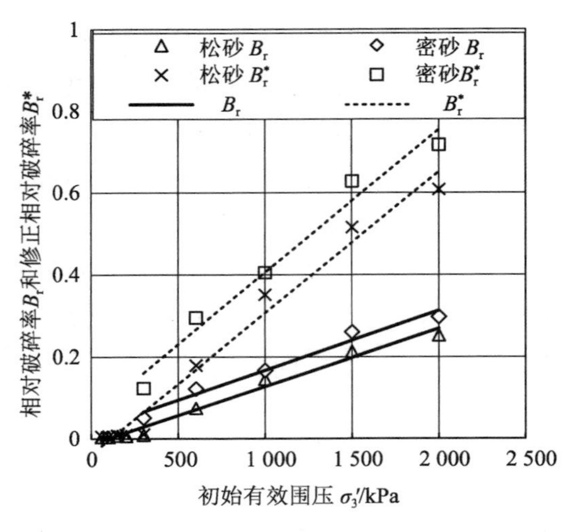

图 2-26　相对破碎率 B_r 和修正相对破碎率 B_r^* 随有效围压 σ_3' 的变化情况

5. 珊瑚礁砂的临界状态线

1）珊瑚礁砂的颗粒破碎特征

图 2-27 所示为试样排水剪切至终止轴向应变时，平均有效应力 p' 与孔隙比 e 的关系。由图可知，在颗粒未发生明显破碎时，试验所得到的临界状态点基本在一条直线上，但随着颗粒破碎的显著发生，临界状态点逐渐向下偏移，说明显著的颗粒破碎改变了颗粒在未破碎条件下所定义的临界状态线。这里将初始级配（未破

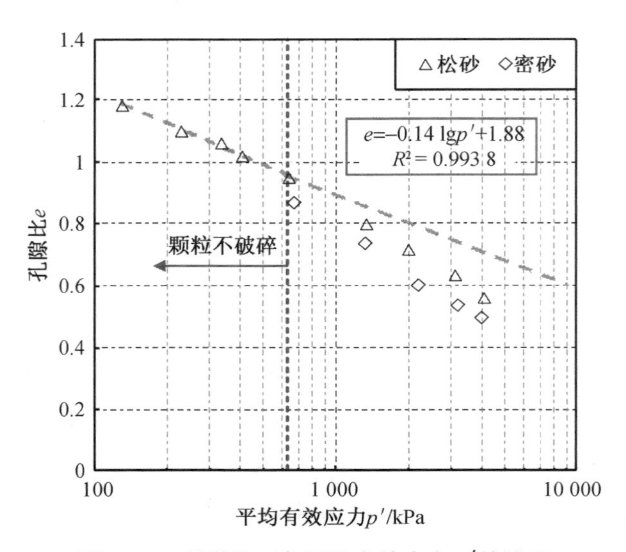

图 2-27　孔隙比 e 与平均有效应力 p' 的关系

碎条件下)对应的临界状态线称为初始临界状态线。这与 Daouadji 等[119]和 Wood 等[56]的研究结果类似,即临界状态线的位置会随着显著颗粒破碎的发生而漂移。

从能量耗散的角度分析,颗粒之间的相对滚动和滑动所需的能量较少,所以在剪切应力作用下,试样先发生颗粒重排,后发生颗粒破碎。因此,在低围压条件下,试样的体积应变主要由颗粒重排引起,即由颗粒之间的滑动和滚动造成,临界状态线不会受到影响;而在高围压条件下,首先发生由颗粒之间的滑动和滚动造成的体积收缩,但随着剪切应力的增大,滑动和滚动造成的剪缩达到极限后,颗粒开始发生明显破碎,此时临界状态线也将发生变化。由图 2-27 可知,对于松砂而言,在固结应力小于破碎阈值的条件下,剪切过程中颗粒破碎极少,所以将松砂试样在有效围压为 60,100,150,200,300 kPa 条件下剪切到临界状态,可以得到自级配珊瑚礁砂试样的初始临界状态线。在颗粒不破碎的条件下,$e-\lg p'$ 平面上的临界状态线基本是一条直线,其数学表达式为

$$e_{c0}=e_{\Gamma0}-\lambda_{c0}\lg p' \tag{2-13}$$

数据拟合后可得:$e_{\Gamma0}=1.88$,$\lambda_{c0}=0.14$。

分析珊瑚礁砂试样在不同有效围压条件下的体积应变发展可知,随着有效围压的增大,试样的体积应变很难达到恒定,分析其原因,高围压条件下剪切造成持续的颗粒破碎,导致试样产生额外的体积压缩,使得体积应变难以达到稳定状态。但临界状态与恒定体积密切相关,为了分析颗粒破碎对临界状态线的影响,要保证颗粒在剪切过程中不能发生明显颗粒破碎并剪切至临界状态。前人的研究已表明,试样只有在不发生破碎的低应力阶段或颗粒破碎至分形级配的极高应力阶段才能达到临界状态。为此,要研究颗粒破碎对临界状态线的影响,需要消除试样在高围压下产生的颗粒破碎。由于珊瑚礁砂的颗粒破碎存在明显的围压阈值,故将剪切后产生显著颗粒破碎的珊瑚礁砂保留,并将其在低于围压阈值的条件下进行二次剪切试验,在该剪切过程中珊瑚礁砂颗粒不会产生明显的破碎,具体试验方案如表 2-5 所示。

2) 颗粒破碎对临界状态线的影响

根据以上分析可知,如果试样在剪切过程中发生显著的颗粒破碎,将会造成临界状态点向下移动。剪切后的珊瑚礁砂试样由于颗粒破碎,其颗粒级配将发生明显的变化,其在低围压条件下剪切后,将得到颗粒破碎后级配对应的临界状态线,并将其称为破碎临界状态。因此,通过对比破碎临界状态线与初始临界状态线,可以对颗粒破碎对临界状态线的影响进行分析。在第二阶段剪切试验中,考虑了 7 种

表 2-5　第二阶段剪切试验方案

试验编号	初始孔隙比 e_0	第二次有效固结围压/kPa	第一次有效固结围压/kPa	第一次剪切终止轴向应变	第一次剪切后相对修正破碎率 B_r^*
CD#0-100	0.892	100	600	30%	17.98%
CD#0-200	0.852	200			
CD#0-300	0.836	300			
CD*0-100	0.829	100	600	45%	29.44%
CD*0-200	0.781	200			
CD*0-300	0.795	300			
CD&1-100	0.821	100	1 000	15%	35.07%
CD&1-200	0.781	200			
CD&1-300	0.757	300			
CD#1-100	0.836	100	1 000	30%	39.37%
CD#1-200	0.787	200			
CD#1-300	0.735	300			
CD&2-100	0.802	100	2 000	15%	43.72%
CD&2-200	0.728	200			
CD&2-300	0.767	300			
CD#2-100	0.804	100	2 000	30%	60.77%
CD#2-200	0.765	200			
CD#2-300	0.733	300			
CD*2-100	0.731	100	2 000	36%	82.28%
CD*2-200	0.715	200			
CD*2-300	0.757	300			

不同破碎率的试样，并将其在 100，200 和 300 kPa 的低围压条件下进行二次剪切，可以得到 7 条不同破碎率对应的破碎临界状态线。

图 2-28 所示为 $e-\lg p'$ 平面上不同修正相对破碎率 B_r^* 对应的破碎临界状态线。由图可知，颗粒破碎会影响临界状态线在 $e-\lg p'$ 平面上的位置，不同修正相对破碎率条件下得到的破碎临界状态线相对于初始临界状态线会向下偏移。在 $B_r^*=17.98\%$时，得到的破碎临界状态线相较于初始临界状态线，基本是平行向下移动，但随着修正相对破碎率的增大，可以发现破碎临界状态线的梯度会逐渐减小，向逆时针方向转动。在修正相对破碎率较大的条件下，转动更为明显。

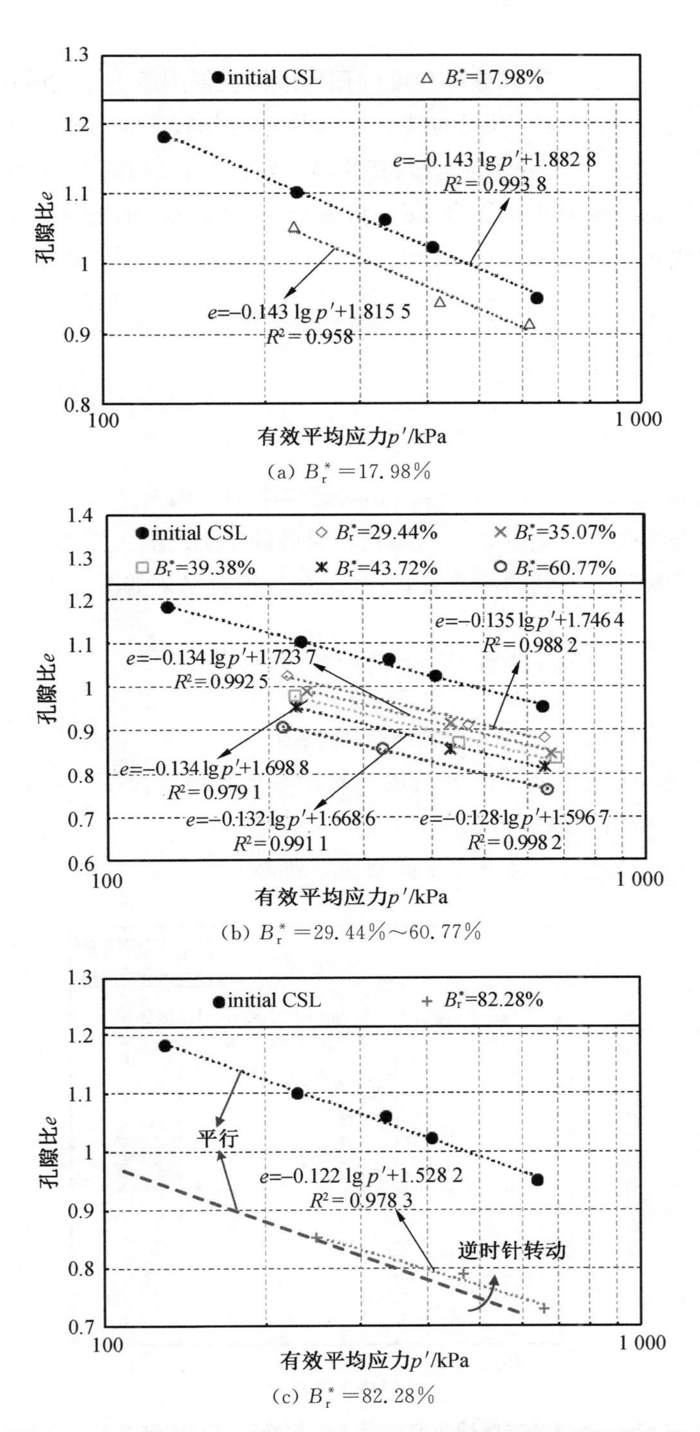

(a) B_r^* =17.98%

(b) B_r^* =29.44%～60.77%

(c) B_r^* =82.28%

图 2-28　e - lg p' 平面上不同修正相对破碎率试样的临界状态线

在 $e-\lg p'$ 平面上，不同破碎程度的预剪砂样在低围压下二次剪切至临界状态线（$e_c=e_\Gamma-\lambda_c\lg p'$）时，得到的破碎临界状态线相较于初始临界状态线（$e_{c0}=e_{\Gamma0}-\lambda_{c0}\lg p'$）均发生了明显的偏移，其偏移主要由颗粒破碎引起。假设颗粒破碎引起的临界状态线截距变化量为 Δe_Γ、斜率变化量为 $\Delta\lambda$，则破碎后的珊瑚礁砂临界状态孔隙比 e_c 为

$$e_c=e_{c0}-\Delta e_\Gamma-\Delta\lambda\lg p' \tag{2-14}$$

将式(2-13)代入式(2-14)可得

$$e_c=e_{\Gamma0}-\Delta e_\Gamma-\lambda_c\lg p' \tag{2-15}$$

式中，$e_{\Gamma0}$ 为常数；Δe_Γ 和 λ_c 均与修正相对破碎率 B_r^* 相关。

临界状态线截距变化量 Δe_Γ 与修正相对破碎率 B_r^* 的关系参考尹振宇等人在前人大量试验基础上得到的函数关系式(2-16)，拟合结果如图 2-29 所示。

$$\Delta e_\Gamma=e_\Gamma-e_{\Gamma0}=-\frac{(B_r^*)^m(e_{\Gamma0}-e_{\Gamma u})}{b+(B_r^*)^m} \tag{2-16}$$

式中 $e_{\Gamma0}$—— 初始级配对应的初始临界孔隙比；

$e_{\Gamma u}$—— 对应于极限颗粒破碎时的极限临界孔隙比，其中 $e_{\Gamma0}$ 和 e_Γ 可根据试验结果得到；

b，m—— 参数，按最小方差控制原则获得。

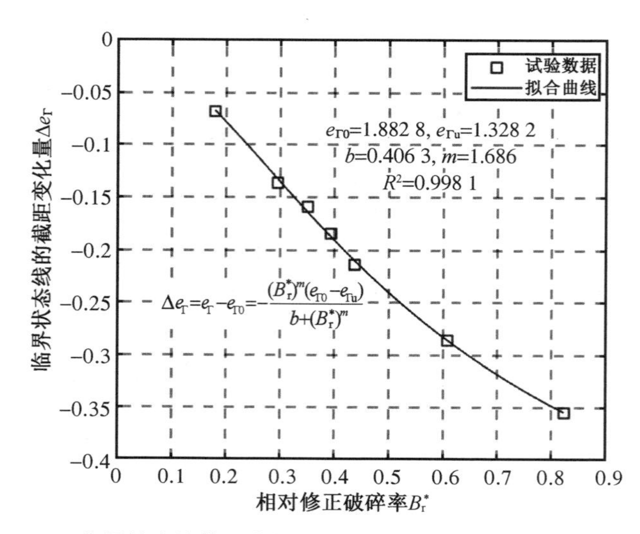

图 2-29 临界状态线截距变化量 Δe_Γ 与修正相对破碎率 B_r^* 的关系

破碎临界状态线的斜率 λ_c 在 B_r^* 较小时，相较于初始临界状态线基本没有变化，但随着颗粒破碎程度进一步加剧，斜率 λ_c 也会随着 B_r^* 的增大而减小，并满足以下函数关系：

$$\lambda_c = a(B_r^*)^n + c \tag{2-17}$$

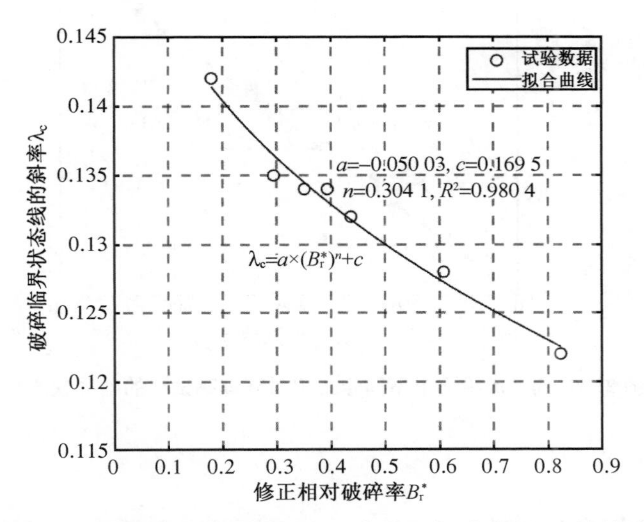

图 2-30　破碎临界状态线斜率 λ_c 与修正相对破碎 B_r^* 的关系

综上所述，通过引入修正相对破碎率 B_r^*，可得到珊瑚礁砂在 $e-\lg p'$ 平面内的破碎临界状态线表达式：

$$\begin{cases} e_c = e_\Gamma - \lambda_c \lg p' \\ \Delta e_\Gamma = e_\Gamma - e_{\Gamma 0} = -\dfrac{(B_r^*)^m (e_{\Gamma 0} - e_{\Gamma u})}{b + (B_r^*)^m} \\ \lambda_c = a(B_r^*)^n + c \end{cases} \tag{2-18}$$

以此定量描述破碎临界状态线的偏移规律。

图 2-31 给出了不同修正相对破碎率的珊瑚礁砂试样在 $q-p'$ 平面上的临界状态线。由图可知，在 $q-p'$ 平面上，不同修正相对破碎率的珊瑚礁砂试样剪切后得到的临界状态点基本在同一临界状态线上，说明 $q-p'$ 平面上的临界状态线不会因颗粒破碎而发生改变，即不同破碎率条件下得到的临界应力比 M_{cs} 是相同的。珊瑚礁砂的临界应力比 $M_{cs}=1.63$，换算临界摩擦角 φ_{cs} 为 39.87°。相较于一般石英砂，珊瑚礁砂的临界状态摩擦角偏大，可能是由于珊瑚礁砂颗粒存在明显棱角，这

与 Luzaani 等[59]和 Bandini 等[65]得到的结论类似。

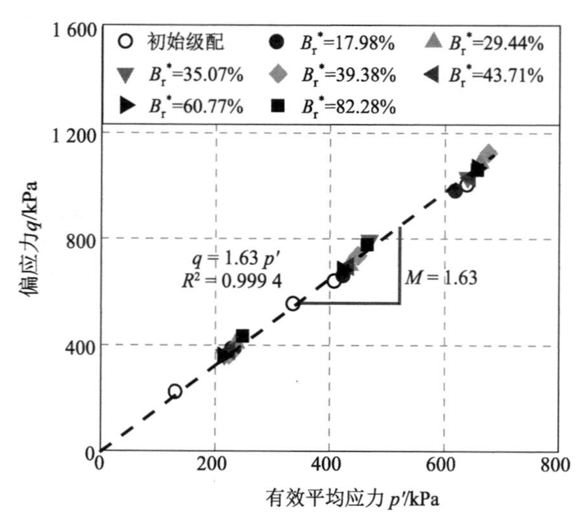

图 2-31　$q-p'$平面上不同修正相对破碎率试样的临界状态线

2.4　现场试验

在工程经验比较缺乏的珊瑚礁地区，采用不同试验原理、不同技术方法进行现场试验，交叉对比，不仅具有实际工程意义，更有分析珊瑚礁岩土体物理力学性质，总结不同地貌单元、颗粒级配、密实度等各种因素对力学性质的影响，探讨其背后深层力学响应机理的理论研究意义。通过现场平板载荷试验、螺旋板载荷试验和现场推剪试验，分析珊瑚礁不同类型地基的承载能力和变形特性，为岛礁工程的设计与施工提供可靠依据。

2.4.1　平板载荷试验

1. 试验方案

珊瑚礁地基按地貌形态、地层地质条件及物质组成可分为礁坪相地基、沙坝地基和人工填筑地基三种类型。三类地基的地质条件、地貌特点如下。

(1) 礁坪相地基是珊瑚礁顶部的主体部分，主要受海潮的影响，涨潮时淹没，低潮时露出水面。礁坪的浅地层以松散珊瑚礁砂土为主，厚约 22 m，地基土以钙质中粗砂为主，含少量礁块，地基土较为松散，天然干密度为 1.39～1.56 g/cm³。

(2) 沙坝地基是珊瑚礁的礁坪上由于水流冲击形成的海拔最高、露出水面的砂质地基，主要是经过风暴潮和台风等作用后而形成的。沙坝处地基土以钙质中砂为主，含有少量砾石，密实度不均匀，地基天然干密度为 1.19～1.29 g/cm³。

(3) 人工填筑地基是指在珊瑚礁上修筑的机场跑道及建筑物地基，通常以开挖珊瑚礁湖沉积的珊瑚礁砂作为主要填筑材料，在礁坪上填筑人工地基，并经过分层碾压而成。人工填筑的地基土以钙质砾砂为主，经过碾压后较为密实，地基天然干密度为 1.66～1.70 g/cm³，地基承载力较高。

在珊瑚礁上进行工程建设，不可避免地会遇到上述三种不同的地基，为了研究珊瑚礁不同类型地基的承载能力和变形特性，为岛礁工程的设计和施工提供可靠依据，本书选取了三种不同地貌类型的珊瑚礁地基进行研究。针对每种类型的地基各做一组浅层平板载荷试验，具体的试验方案及编号如表 2-6 所示。

表 2-6 平板载荷试验方案

试验点	地形地貌	地基类别	试坑深度/m	承压板尺寸/m²	试验编号
南侧礁坪相场地	礁坪	粗砂含砾	0.1	1×1	P_{1-1}
			0.1	1×1	P_{1-2}
			0.1	1×1	P_{1-3}
北侧场地	礁坪上回填珊瑚碎屑，人工碾压	角砾含砂	0.2	0.5×0.5	P_{2-1}
			0.2	0.5×0.5	P_{2-2}
			0.2	0.5×0.5	P_{2-3}
新建单体场地	沙坝	中粗砂	0.2	0.71×0.71	P_{3-1}
			0.2	0.71×0.71	P_{3-2}
			0.2	0.5×0.5	P_{3-3}

在载荷试验的试验点附近测试了地基土的天然密度，由于珊瑚礁地基中含有直径大于 30 cm 的礁块，因此，地基密度测试采用挖大坑灌水法，同时取土样测试含水率，用于计算地基土天然干密度，分析评价地基土的密实状态。

地基土天然密度试验设备包括直径为 100 cm、高度为 20 cm 的钢圈和聚氯乙烯塑料薄膜。挖大坑灌水法的挖坑直径为 100 cm，深度为 50 cm，将挖出的土样称重，土样的体积测试采用上覆水法，然后根据式(2-19)、式(2-20)分别计算地基土的天然密度和干密度。该方法的精度较高，可满足测试要求。

$$\rho = \frac{m}{v} \tag{2-19}$$

$$\rho_d = \frac{\rho}{1 + 0.01w} \tag{2-20}$$

式中 m——地基土的质量(g)；

v——地基土的体积(cm^3)；

ρ——地基土的天然密度(g/cm^3)；

w——地基土的天然含水率(%)；

ρ_d——地基土的干密度(g/cm^3)。

2. 结果分析

表 2-7 为珊瑚礁地基浅层平板载荷试验结果，由表中数据可知：

(1) 南侧礁坪相表层为粗砂含砾地层，地基承载力最小，试验点平板载荷试验承载力特征值为 120～240 kPa，3 个试验点的变形模量分别为 116，56，87 kPa，表明地层性质变化较大。

(2) 北侧场地为人工回填碾压地层，地基承载力特征值在 320～360 kPa 之间，平均值为 306 kPa，表明碾压地层性质比较均匀，力学性质良好。

(3) 新建单体场地属于沙坝地貌单元，表层 4～5 m 为较均匀的中粗砂，3 个试验点平板载荷试验承载力特征值分别为 240，180，240 kPa，平均值为 220 kPa，地基变形模量在 62～115 MPa 之间，表明场地性质比较均匀。

表 2-7 珊瑚礁地基浅层平板载荷试验结果

试验编号	含水率/%	密度/($g \cdot cm^{-3}$)	承载力特征值/kPa	变形模量/MPa
P_{1-1}	16.3	1.62	200	116
P_{1-2}	15.5	1.77	240	56
P_{1-3}	14.7	1.79	120	87
P_{2-1}	6.9	1.78	360	200
P_{2-2}	4.3	1.74	320	103
P_{2-3}	4.5	1.75	320	139
P_{3-1}	11.6	1.39	240	115
P_{3-2}	9.2	1.41	180	62
P_{3-3}	14.4	1.37	240	110

2.4.2　螺旋板载荷试验

浅层平板载荷试验测试地基土的承载力和变形模量只适用于地表以下2～3 m深度范围内，当需要对深层地基土的承载力和变形参数进行研究时，可采用深层螺旋板载荷试验来进行。该试验还可以研究地层深处的地基承载力和变形模量等参数随深度的变化规律。

1. 试验方案

螺旋板试验需要人工钻进，遇到礁石时钻进会十分困难，因此，本次深层螺旋板载荷试验仅对珊瑚礁砂地基承载力和变形模量在深度上的变化规律进行研究，开展了3个孔位共计13个螺旋板载荷试验，每个孔位的测试深度如表2-8所示。

表2-8　螺旋板载荷试验方案

试验点	地形地貌	地基类别	试验孔号	试验深度/m	试验编号
新建单体场地	沙坝，土质较均匀，地下水位4.0 m	中粗砂	孔1	0.5	L_{1-1}
				1.5	L_{1-2}
				2.5	L_{1-3}
				3.5	L_{1-4}
				4.5	L_{1-5}
			孔2	0.5	L_{2-1}
				1.5	L_{2-2}
				2.5	L_{2-3}
			孔3	0.5	L_{3-1}
				1.5	L_{3-2}
				2.5	L_{3-3}
				3.5	L_{3-4}
				4.5	L_{3-5}

2. 试验设备和方法

试验采用南光地质厂生产的WDL型螺旋板载荷试验仪，螺旋板的板头直径D为113 mm，截面积为100 cm^2，螺距为25 mm，螺旋板探头加载量程为1 500 kPa，采用千斤顶加载，最大加载能力为50 kN，传力杆为直径38 mm的合金钢厚壁空心管。试验压力采用DN-1型数字显示仪读取，测试误差小于0.5%

F. S。试验时将螺旋形承压板旋入地层的预定深度，再通过千斤顶和传力杆向承压板施加压力，直接测定承压板的沉降量，计算地基承载力、变形模量等参数。试验按照《岩土工程勘察规范》(GB 50021—2001)的规定，采用加载分级维持荷载沉降稳定法(常规慢速法)，土层的变形模量 E_0 按 $P-S$ 曲线的初始直线段计算，变形模量计算公式为

$$E_0=\omega\frac{PD}{S} \tag{2-21}$$

式中 D——螺旋板直径或边长(m)；

P——$P-S$ 曲线线性段的压力(kPa)；

S——与 P 对应的沉降(mm)；

ω——与螺旋板直径、试验深度和土类有关的系数，按《岩土工程勘察规范》(GB 50021—2001)中表 10.2.5 取值。

3. 结果分析

表 2-9 为螺旋板载荷试验结果，承载力随试验深度的变化如图 2-32 所示。总体来看，地基承载力特征值和变形模量都随深度增加而增加，但从 4.5 m 深度往下，地基承载力减小，这是由于地下水位深度在地面以下 4.0 m 左右，而在地下水位以下，地基承载力和变形模量有所降低。孔 1、孔 2 的地基承载力均较大，3.5 m 深度处最大承载力为 730 kPa；孔 3 在表层 0.5 m 处的地基承载力和变形模量稍大，主要是因为紧靠路边，车辆和行人的碾压作用使地基较为密实，1.5～3.5 m 深度处的地基承载力从 250 kPa 逐渐增大到 350 kPa，在 4.5 m 深度处降低到 260 kPa。

表 2-9 螺旋板载荷试验结果

试验编号	试验深度/m	承载力特征值/kPa	变形模量/MPa
L_{1-1}	0.5	180	4.0
L_{1-2}	1.5	300	6.9
L_{1-3}	2.5	500	11.5
L_{1-4}	3.5	730	15.9
L_{1-5}	4.5	290	11.3
L_{2-1}	0.5	320	8.0
L_{2-2}	1.5	380	8.9
L_{2-3}	2.5	650	15.1

（续表）

试验编号	试验深度/m	承载力特征值/kPa	变形模量/MPa
L_{3-1}	0.5	350	18.2
L_{3-2}	1.5	250	5.5
L_{3-3}	2.5	300	5.9
L_{3-4}	3.5	350	7.8
L_{3-5}	4.5	260	5.4

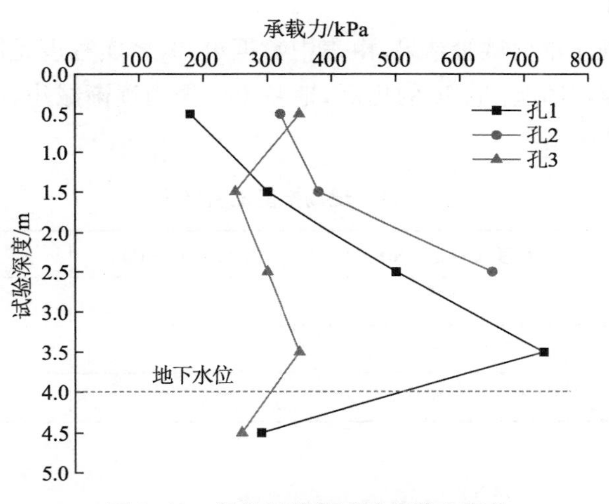

图 2-32　螺旋板载荷试验承载力变化

2.4.3　现场推剪试验

珊瑚碎屑土的抗剪强度是工程设计的重要力学指标，同时也是困扰工程技术人员的一个棘手问题。一方面，由于珊瑚碎屑土很难取得原状土样，室内试验环刀尺寸过小，对珊瑚碎屑土的适用性受到很大限制，测试的结果和现场实际情况不完全一致；另一方面，珊瑚碎屑土抗剪强度指标在实际工程中的应用案例也不多，经验数据积累还不够充分。在现场采用水平推剪试验来测试珊瑚碎屑土的抗剪强度参数，可以克服土体扰动和尺寸效应的影响，土体的剪损面不受压力盒的约束，剪损面的形状和发展取决于土的性质和土体内软弱结构面的分布，应力边界条件和破坏方式比较符合实际情况，因此，与室内试验相比，这种试验方法具有一定的优势。

1. 试验方案

选取 3 个试验点进行现场推剪试验,具体实施方案如表 2-10 所示。

表 2-10　现场推剪试验方案

试验点	地形地貌	地基类别	试验编号
南侧场地	礁坪上回填珊瑚碎屑,人工碾压	角砾含砂	T_1
北侧场地	礁坪上回填珊瑚碎屑,人工碾压	角砾含砂	T_2
新建单体场地	沙坝	中粗砂	T_3

2. 结果分析

表 2-11 为现场推剪试验结果,由表中数据可知,密实程度是决定抗剪强度指标的主要因素,随着场地密实度的提高,地基土内聚力逐渐减小,内摩擦角逐渐增大,土体抗剪强度提高。

表 2-11　现场推剪试验结果

试验编号	密度 $\rho/(g\cdot cm^{-3})$	内聚力 c/kPa	内摩擦角 $\varphi/(°)$
T_1	1.72	4.1	45.3
T_2	1.66	4.9	44.9
T_3	1.38	7.5	43.5

2.5　本章小结

本章主要对珊瑚礁砂的基本物理化学特性进行了试验研究,分析了颗粒形状、颗粒粒径、颗粒破碎等因素对其压缩性的影响,并通过一系列室内试验和现场试验,分析了珊瑚礁砂地基的静力学特性,得到的具体结论如下:

(1) 通过电镜扫描试验获得颗粒的微观扫描图像,通过图像处理技术将不同粒径颗粒的微观图像进行二值化处理,发现小于 2 mm 的粒径组颗粒投影面积与周长之间均表现出良好的线性关系,大于 2 mm 的粒径组颗粒投影面积与周长之间的线性关系拟合结果较差,这可能是由于该粒径组颗粒之间颗粒形状差异过大。

(2) 通过 Mini-X 射线衍射试验分析了珊瑚礁砂试样的矿物组成,得到珊瑚礁砂试样的等效碳酸钙为 95.4%,主要成分为文石和锰镁方解石,属于高纯度的珊瑚礁砂。

（3）通过分析侧限压缩试验结果可知，珊瑚礁砂的压缩变形主要以塑性变形为主，卸载回弹量极小。通过分析珊瑚礁砂试样的总应变量与颗粒破碎的关系发现，二者呈良好的幂函数关系，这说明颗粒破碎是造成珊瑚礁砂颗粒高压缩性的主要因素，即颗粒的压缩性随着颗粒破碎程度的增大而增大。

（4）珊瑚礁砂的剪胀特性受围压影响显著，无论是松砂还是密砂，在较低围压条件下均表现出明显的剪胀效应和应变软化现象，随着围压的增大，珊瑚礁砂颗粒破碎程度增大，在围压效应和破碎效应的双重影响下，剪胀效应受到明显抑制。

（5）珊瑚礁砂的颗粒破碎会受到相对密实度、围压和剪切应变的影响，固结应力和剪切应变越大，颗粒破碎程度越大。在相同围压条件下，密砂的颗粒破碎率会高于松砂。

（6）珊瑚礁砂产生颗粒破碎时，存在明显的围压阈值，对松砂而言，在有效固结围压小于 300 kPa 时，基本不会发生颗粒破碎。

（7）颗粒破碎会导致 $e-\lg p'$ 平面内珊瑚礁砂的临界状态线发生漂移，随着破碎程度的加剧，临界状态线不仅会发生垂直向下的平移，其梯度也会逐渐减小，向逆时针方向转动，其偏移位置可由修正相对破碎率 B_r^* 确定。但在 $q-p'$ 平面内，珊瑚礁砂临界状态线是唯一的。

（8）通过对珊瑚礁 3 种不同地貌的地基浅层平板载荷试验可知，人工填土地基由于密实度较高，其承载力和变形模量明显较高，承载力特征值可达 320～360 kPa，地基沉降量很小，而礁坪相和沙坝的天然地基承载力略小，但承载力都满足一般建筑物对地基的要求。

（9）螺旋板载荷试验结果表明，在地下水位以上，地基承载力从上往下逐渐增加，但在地下水位以下，地基的承载力明显减小。

（10）现场推剪试验结果表明，密实程度是决定抗剪强度指标的主要因素，随着土体密实程度的增加，其抗剪能力逐渐提升。

第 3 章　吹填珊瑚礁砂地基处理效果对比分析

工程实践表明，强夯法和两点振冲法都具有较好的地基加固效果，但是二者各有优缺点和适用性，目前都还没有成熟的设计施工方法，使用时都要现场试验其适用性，确定施工参数和加固效果。本章对吹填珊瑚礁砂地基上的两个代表区域进行了低能量强夯法试验和两点振冲试验，并对它们进行了适用性、加固效果和技术经济比较。

3.1　现场试验对比

3.1.1　试验方法和分区

根据原有信息，拟建项目场地表层有 4～5 m 厚的吹填层，吹填层主要由港池疏浚的珊瑚礁砂组成。吹填层主要为粗砂，吹填层以下为原状礁盘。

进场后经现场摸探，实际情况较原有信息有一定出入，表层为平均厚约 6 m 的松散层，不均匀，且厚度相差较大，最大相差约 3 m，主要由港池疏浚的珊瑚礁砂组成，含约 10%直径在 10～30 cm 的大粒径珊瑚礁石，且原状礁盘起伏较大，在 4～10 m 以上。

现场试验场地为 2 块 30 m×60 m（面积为 1 800 m^2）的吹填区域，为验证不同地基处理方法处理吹填层的效果，Ⅰ区采用强夯法处理，Ⅱ区采用振冲（两点共振）法处理。为得到不同方法、不同施工参数下的地基处理效果，将Ⅰ区、Ⅱ区再分别划分为两个试验小区。试验区划分平面如图 3-1 所示。图 3-2 为拟建场地珊瑚礁砂颗粒级配曲线。从图中可以看出，该拟建项目场地 4 个不同取样点（Ⅰ-1 区、Ⅰ-2 区、Ⅱ-1 区、Ⅱ-2 区）的珊瑚礁砂颗粒偏粗，其粗粒组含量都在 94%以上，该材料属于含砾石类砂土，内摩擦角为 31°～42°，无黏聚力，力学性质较为稳定。珊瑚礁砂的不均匀系数 C_u 在 3.84～16.70 之间，曲率系数 C_c 在 0.43～1.07 之间。从工程观点上看，当 $C_u \geqslant 5$ 且 $1 < C_c < 3$ 时，试样级配良好，若不能同时满足上述条件，则判定为级配不良，现场的珊瑚礁砂均为级配不良砂。

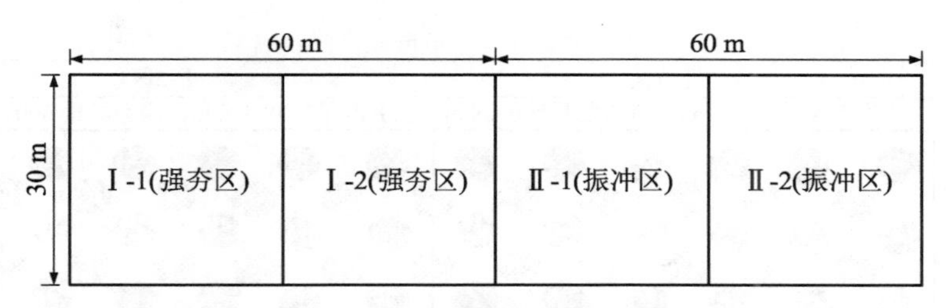

图 3-1　试验区划分平面示意图

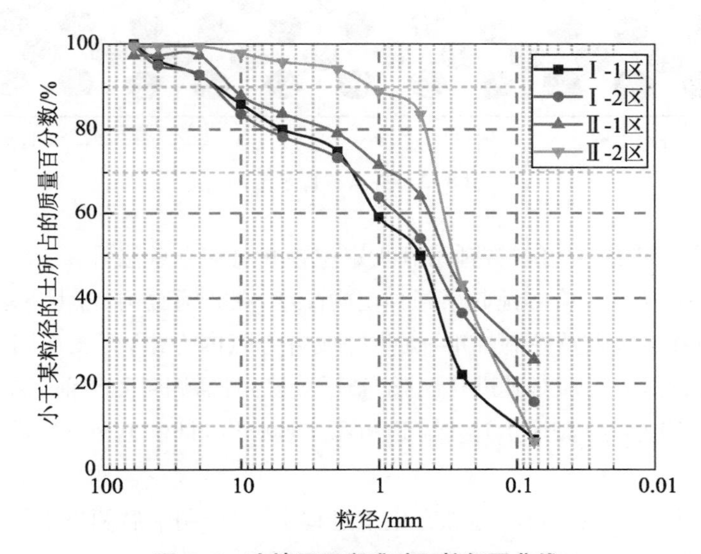

图 3-2　吹填区珊瑚礁砂颗粒级配曲线

3.1.2　强夯试验设计

1. 主要施工参数

强夯法分为两遍点夯和一遍满夯。施工时根据试夯情况调整，主夯点夯击次数应通过试夯确定。按现场试夯得到的夯击次数与夯沉量的关系确定夯击次数，并应满足最后两击的平均夯沉量不大于5 cm，除此之外，夯坑周围地面不应发生过大的隆起，夯点布置如图3-3所示。

2. 施工工艺流程

（1）测量：清理、平整施工场地后，在强夯区域测量场地高程，标出第一遍夯点位置。

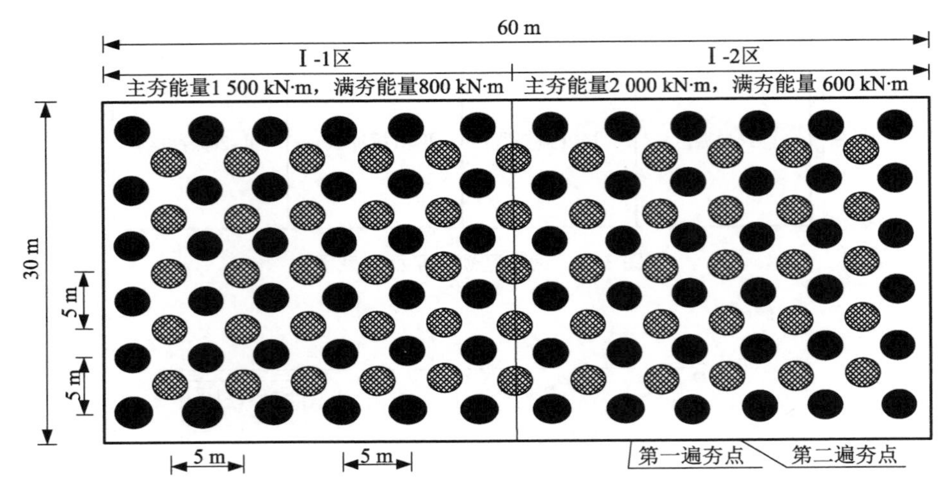

图 3-3 夯点布置示意图

(2) 就位：起重机就位，夯锤吊到指定位置并对准夯点位置。

(3) 第一遍夯实：将夯锤起吊到预定的高度，在夯锤脱钩、自由下落后，放下吊钩，按规定的夯击次数及控制标准，逐步完成各夯点的夯击，若发现因为坑底倾斜造成夯锤歪斜时，应立即对其进行调整，整平坑底，且需测量强夯前后锤顶高程。

(4) 第二遍夯实：按照上述步骤进行第二遍强夯，且松土平整后需用振动压路机压实。

(5) 施工记录：在项目场地强夯施工过程中，以控制最后两击平均夯沉量不大于 5 cm 为收锤标准，做好现场强夯施工记录。

3. 现场试验

(1) 试夯：因原有信息描述表层为 4.5 m 的吹填砂，Ⅰ-1 区采用的主夯能量暂定为 1 500 kN · m，满夯能量 800 kN · m，Ⅰ-2 区采用的主夯能量暂定为 1 200 kN · m，满夯能量 600 kN · m。

(2) 确定施工参数：现场实际表层有约 6 m 以上的吹填层，需提高主夯能量及击数。Ⅰ-1 区采用的主夯能量为 2 000 kN · m，6 击，满夯能量 800 kN · m，2 击，锤印搭接 1/4，Ⅰ-2 区采用的主夯能量暂定为 1 500 kN · m，满夯能量 600 kN · m，2 击，锤印搭接 1/4。在项目场地强夯施工过程中，以控制最后两击平均夯沉量不大于 5 cm 为收锤标准，共计完成强夯能量 1 500 kN · m 的面积为 900 m^2，强夯能量 2 000 kN · m 的面积为 900 m^2，满夯面积为 1 800 m^2。

(3) 现场施工情况如图 3-4 所示。

(a) 强夯施工

(b) 夯沉量测量

(c) 夯坑

(d) 夯坑深度测量

图 3-4　现场施工情况

3.1.3　两点振冲法试验设计

1. 主要施工参数

本试验采用功率为 75 kW 的振冲器，采用不同的间距进行两点共振试验。利用两台同频率的振冲器形成强烈振动，使珊瑚礁砂颗粒紧密排列，实现土体密实，提高土体承载力。振冲点布置为等边三角形，Ⅱ-1 区振冲点间距为 3.0 m，Ⅱ-2 区振冲点间距为 2.5 m，振冲深度为 10 m。振冲点平面布置如图 3-5 所示。

2. 施工工艺流程

(1) 灌水：在振冲施工前数小时对将要施工的区域进行灌水，提高表面干砂层的饱和度，以便改善上部砂土的振冲效果。

(2) 就位：振冲器对准桩位，开启水泵、振冲器。

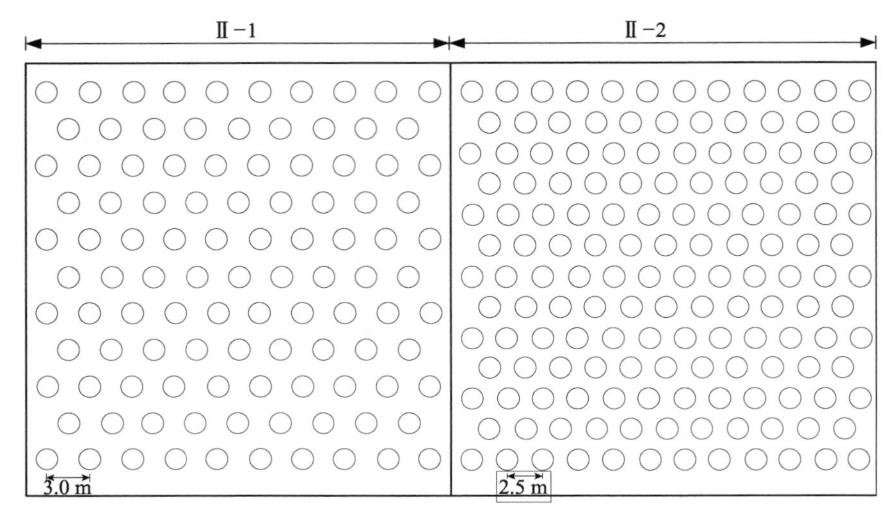

图 3-5　振冲点平面布置示意图

(3) 第一次成孔：启动吊机使振冲器在水平振动的同时利用其振动和高压水泵的冲击力量，慢速下沉至 4.5 m 处(控制在吹填层底以上 0.5 m)，留振 15～20 s。

(4) 提升：匀速提升，一般每提升 0.5 m 留振 10～15 s，直至孔口。

(5) 第二次成孔：慢速下沉至 4 m 处，留振 15～20 s。

(6) 提升：匀速提升，一般每提升 0.5 m 留振 10～15 s，直至孔口。具体可利用电流表数据来控制达到密实的留振时间。

(7) 施工记录：施工过程中需记录密实电流和振冲水压力。

3. 现场试验

(1) 试振：试振 3 个点位，深度分别为 10 m，7 m，6 m，其中 7 m 和 6 m 两个孔打至珊瑚礁盘顶部，10 m 孔未见礁盘，由此可知本区域珊瑚礁盘起伏较大，最大深度大于 10 m，最终采用在 10 m 深度范围内打至珊瑚礁盘顶部的方法处理。当到达礁盘顶部时，密实电流并未急剧变化，认为砂较为松散，下部礁盘为多孔结构，对振冲头未形成包裹作用。实际试验时，慢速成孔至桩底留振 60 s，每提升 1 m 下沉 0.5 m，留振 20 s，直至孔口，孔口 1 m 及 0.5 m 位置处各留振 30 s。

(2) 挖除礁石块：由于地表下 2.5 m 范围内含大量珊瑚礁石块(约 10%)，致使现有振冲设备(75 kW)振冲深度不能达到 6 m。为满足工期要求，采取将 75 kW 振冲头加焊锥形钢板、增大水压和水量、清除表层 1.5～2 m 原砂石料等一系列措施后可以正常施工，且工期和质量同样可得到保障。

（3）现场施工情况如图 3-6 所示。

（a）吊机及振冲头

（b）两点振冲

（c）挖机辅助施工

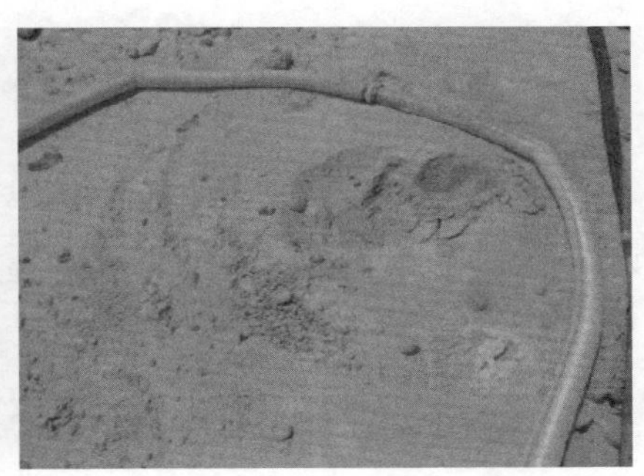

（d）振冲完成

图 3-6　现场施工情况

3.2　试验区加固效果对比分析

3.2.1　压实度试验

灌砂法试验适用于在现场测定基层、砂石路面及路基土的各种材料的压实度，但不适用于填石路堤等含有大孔洞或大孔隙材料的压实度检测。本次灌砂法试验均匀布置在每个施工分区，每个分区共有 3 个检查点，在施工后进行试验，目的是对比地基处理后浅层地基土的压实度。选用粒径为 0.25～0.50 mm、密度为 1.47～1.61 g/cm^3 的洁净干燥砂测定标准砂密度，质量精确至 5 g，并测出灌满漏斗所需标准砂的质量，且需要重复 3 次取其平均值，然后将选定试坑位置的地面铲平，其面积略大于试坑直径 150 mm，按试坑直径划出坑口轮廓线，在轮廓线内下挖至要求深度

200 mm处，取代表性土样测定含水率，按照相关试验方法，得到灌满试坑所用标准砂的质量(图 3-7)，通过计算得到的试验结果如表 3-1 所示，可以看出，砂的干密度约为 1.39 g/cm³，通过计算得到压密系数介于 0.93～0.96 之间，皆可满足试验要求。

图 3-7　灌砂法测定干密度

表 3-1　灌砂法试验成果统计表

序号	分区	试验点	密度/(g·cm⁻³)	含水率/%	干密度/(g·cm⁻³)
1	Ⅰ-1 区(强夯区)	S_1	1.51	9.12	1.38
2		S_2	1.51	9.57	1.38
3		S_3	1.53	8.36	1.41
平均值			1.51	9.02	1.39
4	Ⅰ-2 区(强夯区)	S_4	1.60	10.14	1.45
5		S_5	1.55	9.54	1.42
6		S_6	1.58	9.33	1.45
平均值			1.58	9.67	1.44
7	Ⅱ-1 区(振冲区)	S_7	1.50	12.00	1.34
8		S_8	1.56	10.49	1.41
9		S_9	1.57	10.83	1.42
平均值			1.54	11.11	1.39
10	Ⅱ-2 区(振冲区)	S_{10}	1.55	10.77	1.40
11		S_{11}	1.53	10.61	1.38
12		S_{12}	1.56	11.04	1.40
平均值			1.54	10.81	1.39

3.2.2　沉降变形监测

1. 场地标高测量

采用苏一光 DSZ2 水准仪测量场地标高，按 10 m×10 m 方格网测量处理前后的场地标高，记录场地的沉降量(表 3-2)。强夯Ⅰ-1 区和Ⅰ-2 区平均沉降量分别约为 42 cm 和 38 cm，强夯能量越大，沉降量越大，提高强夯能量将会对下部多孔、硬脆的礁盘造成破坏。此外，礁盘埋深变化较大，强夯施工能量均一，无法做到吹填土层均处理到位。振冲Ⅱ-1 区和Ⅱ-2 区平均沉降量分别约为 48 cm 和 58 cm，在同等振冲功率条件下，间距 2.5 m 的振冲效果较 3 m 的沉降量大，振冲间距越小，密实效果越好。

表 3-2　标高测量统计

分区	工况	平均高程/m	沉降量/m	总沉降量/m
Ⅰ-1 区(强夯区)	处理前	3.962	—	0.419
	一遍点夯后	3.738	0.224	
	二遍点夯后	3.678	0.284	
	满夯后	3.543	0.419	
Ⅰ-2 区(强夯区)	处理前	3.975	—	0.379
	一遍点夯后	3.787	0.188	
	二遍点夯后	3.717	0.258	
	满夯后	3.596	0.379	
Ⅱ-1 区(振冲区)	处理前	3.975	—	0.480
	振冲后	3.495	0.480	
Ⅱ-2 区(振冲区)	处理前	3.975	—	0.583
	振冲后	3.392	0.583	

2. 浅层平板载荷试验

为了确定浅部地基土承压板应力主要影响范围内的承载力，本章平板载荷试验均匀布置在每个施工分区，每个分区共有 3 个检查点，在地基处理后进行试验，如图 3-8 所示，承载板呈圆形，直径为 0.8 m，加荷分级不应少于 8 级，每级加载后，按间隔 10，10，10，15，15 min，以后为每隔 0.5 h 测量一次沉降量，稳定标准为连续 2 h 内沉降量小于 0.1 mm/h，试验结果如表 3-3 和图 3-9、图 3-10 所示。根据极限荷载值法推算各试验点的承载力特征值均大于 360 kPa（Z_7 点最大加载较小），通过相对变形控制法（对应 8 mm 沉降量承载力特征值）算得各试验点的承载力特征值均大于 400 kPa，可满足承载力的要求。

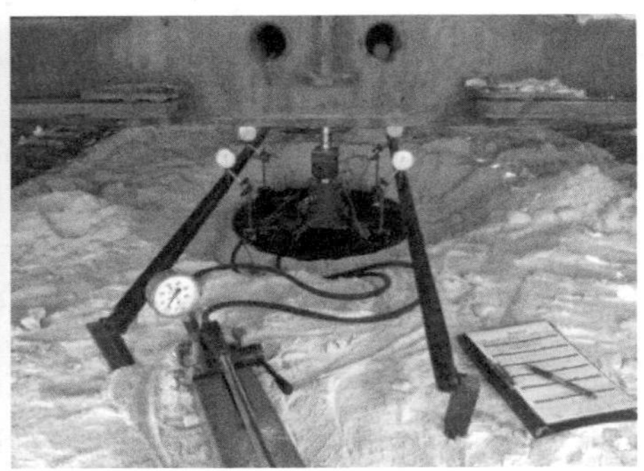

图 3-8 平板载荷试验

表 3-3 静载试验结果汇总表

分区	试验点	极限荷载值法					相对变形控制法
		最大加载/kPa	最大沉降量/mm	最大回弹量/mm	回弹率	承载力特征值/kPa	对应 0.01d 沉降量承载力特征值/kPa
Ⅰ-1 区（强夯区）	Z_1	720	15.86	3.86	24.34%	>360	502.9
	Z_2	720	12.45	3.04	24.42%	>360	563.2
	Z_3	720	19.03	3.2	16.82%	>360	437.8
Ⅰ-2 区（强夯区）	Z_4	720	14.9	2.2	14.77%	>360	492.9
	Z_5	720	13.15	2.84	21.60%	>360	561.3
	Z_6	720	13.39	2.76	20.61%	>360	494.6
Ⅱ-1 区（振冲区）	Z_7	400	11.31	1.09	9.64%	>200	327.2
	Z_8	720	26.49	6.63	25.03%	>360	408
	Z_9	720	12.48	2.47	19.79%	>360	585.6
Ⅱ-2 区（振冲区）	Z_{10}	800	21.6	4.69	21.71%	>400	469.2
	Z_{11}	800	17.74	3.49	19.67%	>400	563.5
	Z_{12}	800	17.56	—	—	>400	484.7

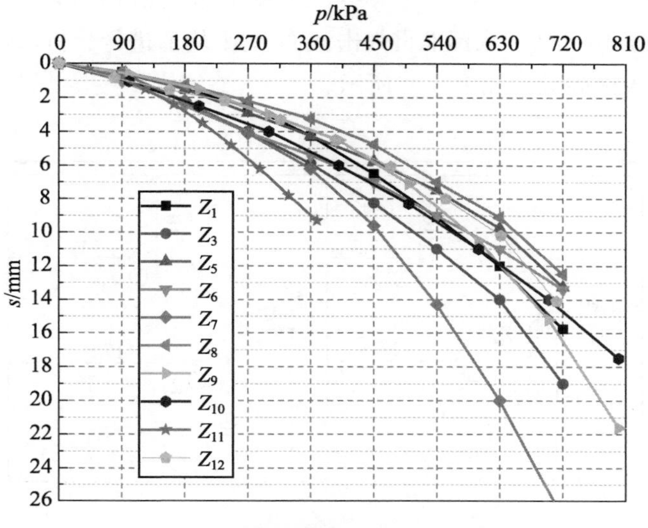

图 3-9　场地静载试验 *p-s* 曲线

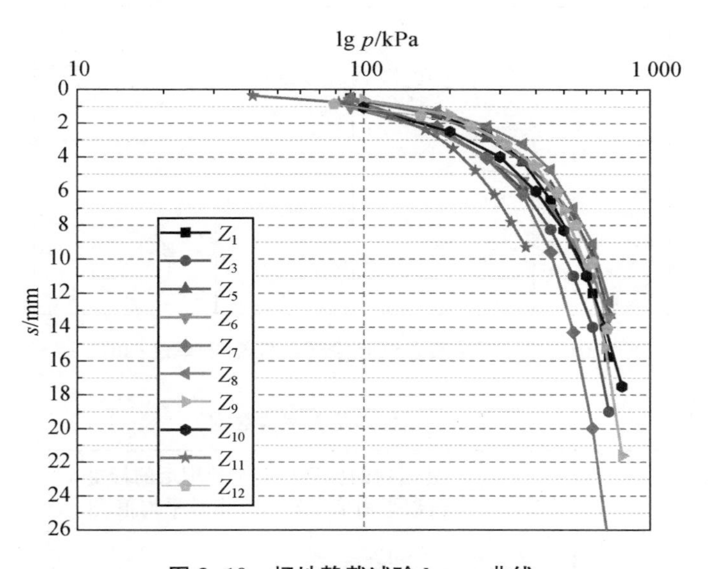

图 3-10　场地静载试验 lg *p-s* 曲线

3.2.3　标准贯入试验

标准贯入试验作为评价两点振冲加固效果的标准之一，它反映了土体的密实度和组成结构，标准贯入度 N 值是反映地基密实度的重要指标，它作为判断液化可能性的标准之一被工程上广泛采纳。在每个试验区内选取 3 个测试点(图 3-11)进行标准贯入试验，取标准贯入击数 N 的平均值进行分析，地基处理前后场地土的标准贯入试验数据如表 3-4 所示。

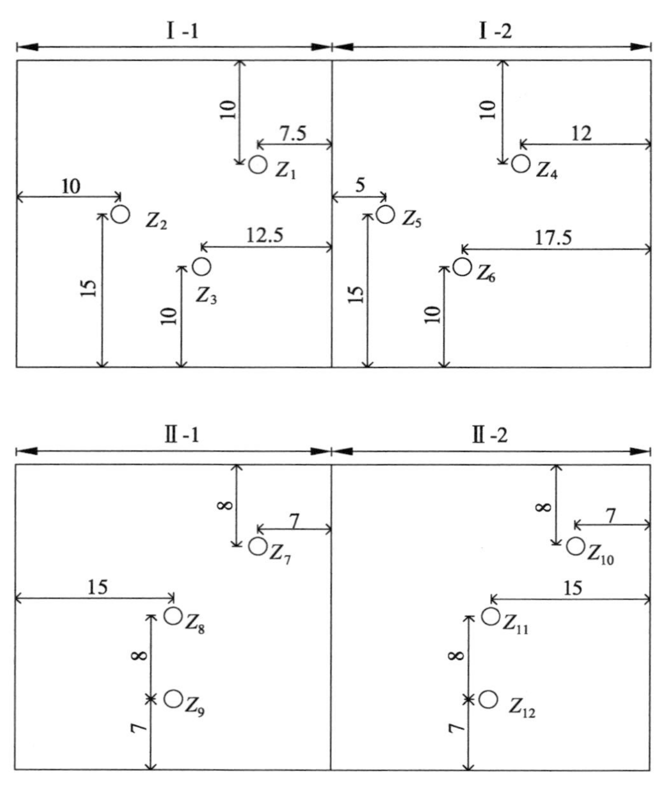

图 3-11　标准贯入试验检测点布置图(单位：m)

表 3-4　标准贯入试验数据

分区	深度/m	处理前的标贯击数平均值/击	处理后的标贯击数平均值/击	提高幅度
Ⅰ-1(强夯区)	0～3	12.3	35.7	189.2%
Ⅰ-1(强夯区)	3～6	6.2	9.2	49.6%
Ⅰ-1(强夯区)	6～7	—	8	—
Ⅰ-2(强夯区)	0～3	14.6	29.9	105%
Ⅰ-2(强夯区)	3～6	7.0	8.9	27%

（续表）

分区	深度/m	处理前的标贯击数平均值/击	处理后的标贯击数平均值/击	提高幅度
Ⅰ-2(强夯区)	6～7	—	8	—
Ⅱ-1(振冲区)	0～3	6.4	26.2	308.7%
Ⅱ-1(振冲区)	3～6	6.9	22.1	221.6%
Ⅱ-1(振冲区)	6～7	—	21.8	—
Ⅱ-2(振冲区)	0～3	8.6	20.6	139.5%
Ⅱ-2(振冲区)	3～6	6.0	23.3	288.9%
Ⅱ-2(振冲区)	6～7	—	25.4	—

由表3-4中数据可知：表层3 m范围内土层的标准贯入击数均有大幅度提升，提升幅度在105%～308.7%。当提高夯击能量或增大振冲点间距时，标准贯入击数的提升效果更加明显，并且振冲法的处理效果优于强夯法。在3～6 m的深度范围内，强夯区Ⅰ-1区、Ⅰ-2区的标准贯入击数提高幅度分别为49.6%，27%，强夯能量2 000 kN/m较1 500 kN/m处理效果更好。在振冲区，标准贯入击数由6～7击提高至22.1～23.3击，提高幅度分别为221.6%及288.9%，在同等功率条件下(75 kW)，间距2.5 m较3 m处理效果更好。相较于强夯施工区域，标准贯入击数提高幅度大，处理效果更好。

综上所述，两点振冲法对地基土的加固效果明显优于强夯法。

根据《建筑抗震设计规范》(GB 50011—2010)第4.3.4条，液化判别标准贯入锤击数临界值的计算公式为

$$N_{cr}=N_0\beta[\ln(0.6d_s+1.5)-0.1d_w]\sqrt{3/\rho_c} \tag{3-1}$$

式中　N_{cr}——液化判别标准贯入锤击数临界值；

N_0——液化判别标准贯入锤击数基准值，取10.0；

d_s——饱和土标准贯入点深度(m)；

d_w——地下水位(m)，取3.0；

ρ_c——黏粒含量百分率，取3.0%；

β——调整系数，设计地震第一组取0.8，第二组取0.95，第三组取1.05。

若标准贯入试验实测击数大于N_{cr}，则地基土为非液化土，反之则为液化土。标准贯入锤击数临界值计算结果见表3-5。

表 3-5　标准贯入锤击数临界值

深度/m	标准贯入锤击数临界值/击
0～3	7.2
3～6	12.6
6～7	15.1

由表 3-5 可知：在 0～3 m 的深度范围内，算得标准贯入锤击数临界值约为 7.2，经强夯和振冲处理过的区域均不存在液化问题。在 3～6 m 的深度范围内，算得标准贯入锤击数临界值约为 12.6，在强夯区域，处理后的场地仍然存在砂土液化问题；振冲区域标准贯入锤击数均已达到 20，不存在液化问题。在 6 m 深度以下，珊瑚礁盘埋深变化较大，算得标准贯入锤击数临界值约为 15.1，采用强夯施工影响范围有限，在 5～6 m，6 m 以下需考虑砂土液化问题；振冲区域因处理深度平均约为 7 m，部分最深达 10 m，标贯击数达 20，液化消除。

3.2.4　现场 CBR 测定

根据现场 CBR(California Bearing Ratio，加州承载比)试验、现场回弹模量试验和地基反应模量试验结果，对比分析路基土承载力，试验检测点的平面布置如图 3-12 所示。

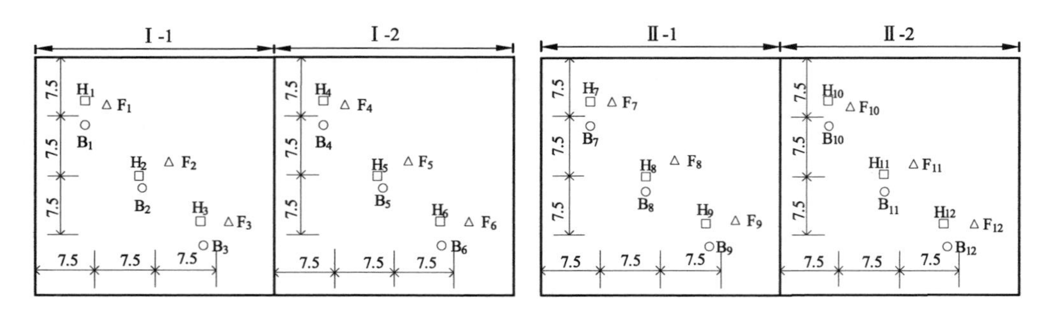

○现场CBR试验　□现场回弹模量试验　△地基反应模量试验

图 3-12　检测点平面布置图(单位：m)

《公路路基设计规范》(JTG D30—2015)明确指出，CBR 是表征路基土、粒料强度的一种指标，即标准试件在贯入量为 2.5 mm 时所施加的试验荷载与标准碎石材料在相同贯入量时所施加的荷载之比值，以百分率表示，该方法后来被用于评定土基的强度。在现场 CBR 试验时，用一个端部面积为 19.35 cm^2 的标准压头，以

0.127 cm/min的速度压入土中，记录贯入量为2.5 mm及5.0 mm时的荷载压强P_1，按式(3-2)计算现场CBR值。CBR一般以贯入量为2.5 mm时的测定值为准。当贯入量为5.0 mm时的CBR大于2.5 mm时的CBR时，应重新试验。若重新试验仍然如此，则以贯入量为5.0 mm时的CBR为准。CRB的计算公式为

$$CBR=\frac{P_1}{P_0}\times 100\% \tag{3-2}$$

式中 P_1——荷载压强(MPa)；

P_2——标准压强，当贯入量为2.5 mm时为7 MPa，当贯入量为5.0 mm时为10.5 MPa。

CBR的计算结果如表3-6所示，由表中数据可知，强夯区Ⅰ-1区和Ⅰ-2区处理后的CBR值接近，强夯能量的改变对土基承载能力的影响不明显；振冲区Ⅱ-2区的CBR值整体大于振冲区Ⅱ-1区，这表明在使用振冲法处理地基土时，减小振冲点间距能够更好地改善土基承载能力。

表3-6 现场CBR试验数据

分区	试验点	对应贯入量2.5 mm的压力值/MPa	对应贯入量2.5的mm CBR值/%	对应贯入量5 mm的压力值/MPa	对应贯入量5 mm的CBR值/%	CBR值/%
Ⅰ-1(强夯区)	B_1	1.45	20.78	2.03	19.31	20.78
Ⅰ-1(强夯区)	B_2	0.46	6.52	0.58	5.56	6.52
Ⅰ-1(强夯区)	B_3	0.63	8.95	0.89	8.49	8.95
Ⅰ-2(强夯区)	B_4	0.91	13.04	1.08	10.31	13.04
Ⅰ-2(强夯区)	B_5	1.06	15.17	1.38	13.14	15.17
Ⅰ-2(强夯区)	B_6	0.88	12.59	1.22	11.63	12.59
Ⅱ-1(振冲区)	B_7	1.13	16.08	1.57	14.96	16.08
Ⅱ-1(振冲区)	B_8	1.06	15.17	1.65	15.67	15.67
Ⅱ-1(振冲区)	B_9	1.68	23.96	2.55	24.26	24.26
Ⅱ-2(振冲区)	B_{10}	1.65	23.51	2.34	22.24	23.51
Ⅱ-2(振冲区)	B_{11}	2.44	34.88	4.13	39.30	39.30
Ⅱ-2(振冲区)	B_{12}	1.21	17.29	1.65	15.67	17.29

3.2.5 回弹模量测定

珊瑚礁上的钙质土是填筑路基的理想材料，而地基的回弹模量是路基设计的重要参数，因此，确定人工填筑路基的回弹模量是否满足要求至关重要。本次试验以加固后的珊瑚礁砂地基作为研究对象，在每个试验点周围开展回弹模量试验。进行现场回弹试验时，使用千斤顶在土基表面通过承载板对土基逐级加卸载，当荷载小于 0.1 MPa 时，每级增加 0.02 MPa，以后每级增加 0.04 MPa 左右，测出每级荷载下相应的土基回弹变形值，经过计算求得土基回弹模量。土基回弹模量计算公式为

$$E_0=\frac{\pi D}{4}(1-\mu_0^2)\frac{\sum P_i}{\sum l_i} \tag{3-3}$$

式中 E_0——土基回弹模量(MPa)；

μ_0——泊松比，取 0.35；

D——承压板直径(cm)，取 30 cm；

P_i——承压板压力(MPa)；

l_i——相对于 P_i 的回弹变形(cm)。

土基回弹模量计算结果如表 3-7 所示，由表中数据可知，强夯区 Ⅰ-1 区和 Ⅰ-2 区处理后的回弹模量接近，强夯能量的改变对土基承载能力的影响不明显；振冲区 Ⅱ-2 区的回弹模量整体大于振冲区 Ⅱ-1 区，这表明在使用振冲法处理地基土时，减小振冲点间距能够更好地改善土基承载能力。

表 3-7 现场回弹模量试验数据

分区	试验点	总压力/MPa	总变形量/0.01 mm	回弹变形量/0.01 mm	总影响量/0.01 mm	回弹模量/MPa
Ⅰ-1(强夯区)	H_1	3.0	3 240.2	453.8	30.4	136.6
Ⅰ-1(强夯区)	H_2	1.7	1 801.7	418.7	21.5	83.9
Ⅰ-1(强夯区)	H_3	1.7	1 451.7	428.7	24.9	82.0
Ⅰ-2(强夯区)	H_4	3.0	2 431.0	576.6	10.7	107.5
Ⅰ-2(强夯区)	H_5	3.0	2 354.9	660.4	18.3	93.9
Ⅰ-2(强夯区)	H_6	1.7	1 650.4	450.5	26.4	78.0
Ⅱ-1(振冲区)	H_7	1.2	1 270.1	346.8	24.0	71.5

（续表）

分区	试验点	总压力/MPa	总变形量/0.01 mm	回弹变形量/0.01 mm	总影响量/0.01 mm	回弹模量/MPa
Ⅱ-1(振冲区)	H_8	1.7	1 418.4	544.0	27.0	64.6
Ⅱ-1(振冲区)	H_9	1.7	956.8	389.2	25.2	90.3
Ⅱ-2(振冲区)	H_{10}	2.3	1 827.4	427.7	27.0	111.1
Ⅱ-2(振冲区)	H_{11}	2.3	1 801.8	386.7	23.5	122.9
Ⅱ-2(振冲区)	H_{12}	1.2	1 077.9	336.8	31.4	73.6

3.2.6 地基反应模量测定

按照Winkler的假设，路基表面任一点的弯沉量 l(m)，仅与作用于该点的压力大小 p(MPa)成正比，而与相邻点处的压力无关，即土基由互不联系的弹簧组成。反映压力 p 和弯沉关系 l 的比例系数称为地基反应模量 k，$k=p/l$，地基反应模量值由承载板试验确定。进行现场回弹试验时，使用千斤顶在土基表面通过承载板对土基逐级加载，加载分级为：0.000→0.034→0.069→0.103→0.137→0.172→0.206 MPa。试验中记录承压板下沉1.27 mm时的荷载压强，通过计算得到地基反应模量。地基反应模量计算公式为

$$k_{\mathrm{u}}=\frac{P_{\mathrm{B}}}{0.001\,27} \tag{3-4}$$

式中 k_{u}——现场测得的地基反应模量(MN/m³)；

P_{B}——承载板下沉1.27 mm时对应的单位面积压力(MPa)。

地基反应模量计算结果如表3-8所示，由表中数据可知，振冲法处理后的地基反应模量差异较小，均大于73 MPa。

表3-8 地基反应模量试验数据

分区	试验点	最大荷载/MPa	最大变形/mm	变形1.27 mm对应的单位面积压力/MPa	反应模量/MPa
Ⅱ-1(振冲区)	F_7	0.206	3.512	0.098	77.54
Ⅱ-2(振冲区)	F_{11}	0.206	3.008	0.094	73.98

3.3 本章小结

采用强夯法和两点振冲法对吹填珊瑚礁砂地基加固处理进行试验研究，测试了地基沉降量、承载比、回弹模量和反应模量，同时进行了浅层平板载荷试验和标准贯入试验，得到结论如下：

（1）采用强夯法或两点振冲法加固，珊瑚礁表层承载力特征值都达到 360 kPa，回弹模量达到 70 MPa，均满足设计要求。

（2）强夯区Ⅰ-1 和Ⅰ-2 区的平均沉降量分别为 42 cm 和 38 cm，强夯能量越大，沉降量越大。振冲区Ⅱ-1 区和Ⅱ-2 区平均沉降量分别为 48 cm 和 58 cm，在同等振冲功率条件下，间距 2.5 m 的振冲效果较 3 m 更好，振冲间距越小，密实效果越好。振冲区沉降量较强夯区大 10～20 cm，可在施工期消除大部分沉降。

（3）强夯法对现有建筑物及围堰影响较大，一般需间隔 15 m 以上；而两点振冲法作用于深度方向，对现有建筑物及围堤影响小。

（4）采用强夯或两点振冲法加固，在表层 3 m 范围内的土层标准贯入锤击数均有较大幅度提高。在地表以下 3～6 m，强夯区提高幅度有明显下降，处理后可能存在砂土液化问题，在 6 m 以下能量衰减快，深层处理效果差；而振冲区沿深度方向加固效果没有衰减，均匀性更好。

（5）两点振冲法可根据施工参数变化情况实时感知礁盘位置，调整处理深度，对礁盘破坏小，能更好地适应吹填珊瑚礁砂土下卧多孔礁盘的起伏变化和生态保护要求。

第 4 章　吹填珊瑚礁砂地基加固机理的数值分析

强夯法和振冲法加固吹填珊瑚礁砂地基的实践工程应用很多，但与其相关的数值计算分析仍处于初级阶段。在这一背景下，通过数值计算方法来探究强夯法和振冲法加固吹填珊瑚礁砂地基的内在机理日益重要，具有不容小觑的理论意义和工程价值。对于强夯法，通过 PFC 2D 来模拟吹填珊瑚礁砂地基在单点多次夯击作用下颗粒的破碎过程。与振冲法处理地基相关的土动力学研究是地震液化，通过有效应力法将地基动力反应分析与珊瑚礁砂液化结合起来，更加合理地考虑了振动过程中孔隙水压力变化过程。

4.1　强夯法加固机理数值分析

强夯法在实践中已得到了广泛运用，但其作用机理尚不清晰，颗粒流离散元能较好地模拟强夯过程中土体孔隙率的变化，同时可以根据现场珊瑚礁砂的颗粒形状进行模拟，能更好地反映实际吹填珊瑚礁砂地基强夯过程中土体的变化。现有的离散元数值模拟强夯主要采用接触黏结模型和动力阻尼滞回模型[120,121]，将珊瑚礁砂视为不可破碎的刚体，但实际工况中填埋的珊瑚礁砂容易出现颗粒破碎现象，从而使大颗粒珊瑚礁砂含量减少，细粒增加，改善级配，提高承载力。本章依托珊瑚礁砂地基强夯工程，利用 PFC 2D 离散元计算软件内置的平行黏结接触模型模拟珊瑚礁砂地基，建立了能够模拟强夯过程的离散元数值模型，研究 800 kJ，1 500 kJ 和 2 000 kJ 三种能级强夯冲击下珊瑚礁砂颗粒破碎的发展情况，并对模拟结果进行了相应验证，为今后研究珊瑚礁砂地基强夯加固提供一种新的思路。

4.1.1　颗粒破碎的离散元模拟

数值模拟中，在线性接触的基础上加入平行黏结接触，颗粒之间可视为采用黏结键连接，由黏结键负责传递力和力矩，当其承受的力或力矩超过黏结力时，黏结键发生断裂，接触模型(图 4-1)退化为线性接触。

PFC 软件可较好地模拟材料的细观力学行为，但使用离散元软件进行模型试

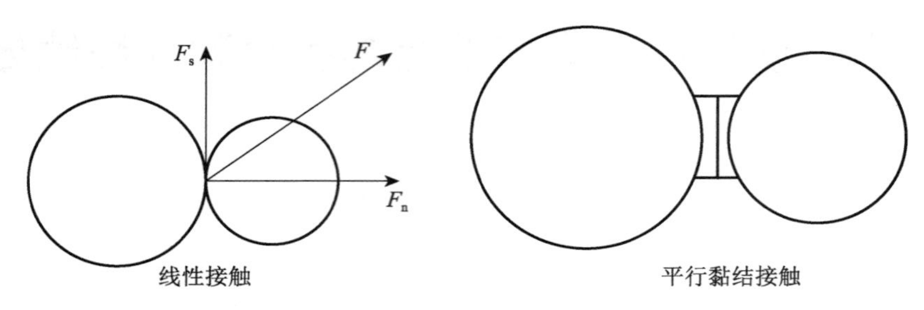

图 4-1　接触模型

验分析及工程分析时，需要考虑计算精度与计算速率的平衡，过大的颗粒尺寸跨度容易导致计算时小颗粒悬浮，使得计算不易收敛。颗粒尺寸、模型尺度的相对大小以及颗粒粒径的最小值对颗粒数量影响最大。数值分析中如果直接使用初始级配建立的模型，其颗粒数量庞大，计算效率过低，故采用"等质量逐级替换最细颗粒法"进行级配修正，得到最终用于建模的颗粒粒组。图 4-2 所示为模拟的珊瑚礁砂颗粒级配曲线，颗粒粒径分布如表 4-1 所示。

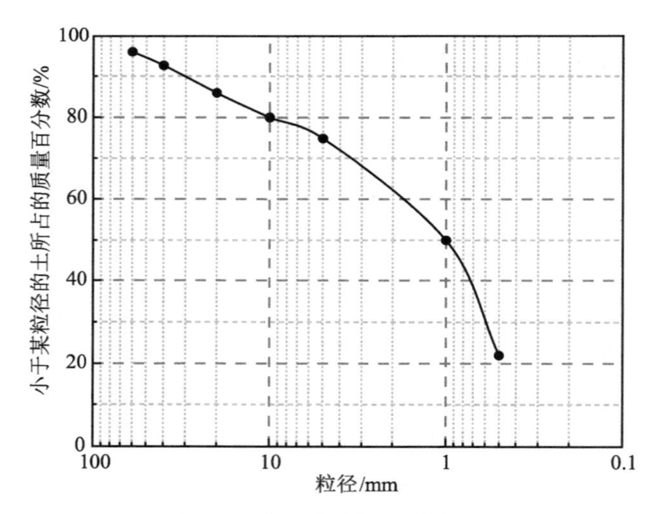

图 4-2　珊瑚礁砂颗粒级配曲线

表 4-1　模拟采用的珊瑚礁砂颗粒粒径分布

粒组/mm	≥60	40～60	20～40	10～20	5～10	1～5	0.5～1.0	0～0.5
含量/%	3.95	3.41	6.70	5.93	5.07	24.99	27.93	22.02

在 PFC 2D 程序中，采用柔性簇模拟珊瑚礁砂，用 Clump 块组合 5 个 ball 单元形成夯锤模型。考虑到实际工况中填土过程是分层进行的，同时为了保证珊瑚礁

砂土的均匀性，共分 5 层从底部开始分层建模，建立考虑颗粒破碎的柔性簇地基模型。综合考虑夯击能、夯锤直径以及颗粒尺寸对强夯的影响范围和对数值计算效率的影响，模型尺寸采用高 10 m、宽 8 m 的墙体模拟数值模型的边界，共 52 583 个颗粒。图 4-3 所示为所建立的地基模型，其他细观计算参数见表 4-2。

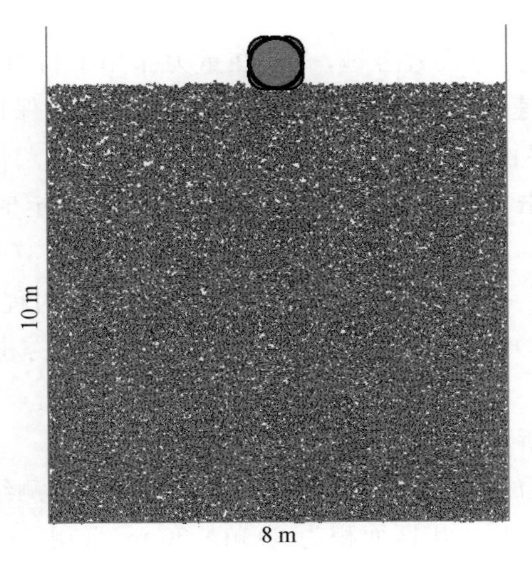

图 4-3　强夯法数值计算模型

表 4-2　颗粒流模型中珊瑚礁砂的细观参数

参数	数值
密度 ρ/(kg·m^{-3})	2 730
有效模量 E^* /kPa	4×10^6
刚度比 k^*	2
摩擦系数 μ	0.5
平行黏结法向刚度 $\overline{k_n}$ /(kN·m^{-3})	8×10^5
平行黏结切向刚度 $\overline{k_s}$ /(kN·m^{-3})	2×10^5
平行黏结抗拉强度 $\overline{\sigma_c}$ /kPa	5×10^3
平行黏结黏聚力 $\bar{c}$ /kPa	1×10^3
平行黏结内摩擦角 $\bar{\varphi}$ /(°)	32

4.1.2　数值计算结果分析

1. 计算流程

强夯计算可分为两个过程，分别为成样和强夯，具体步骤如下：

(1) 根据预计的尺寸设置墙体,作为计算模型的边界。先根据级配由下至上分 5 层逐步分层成样建模。

(2) 将刚性簇转换为柔性簇,赋予表 4-2 中细观模型参数。施加重力场,以系统内不平衡力小于 1.0×10^{-4} N 作为平衡指标,平衡初始地应力,直至系统达到平衡稳定状态。

(3) 在模型中线上方设置夯锤,夯锤在重力作用下自由落体,为节省计算时间,用低位赋予等效速度代替,以夯锤速度小于 0.01 m/s、保持夯沉量基本不变作为一次夯击试验的终止条件。

(4) 在每次夯击完成后删去夯锤,模型自平衡一定时间,保证土体回弹时间。

(5) 在土中每隔一定深度设立监测点,监测土体位移时程。

(6) 重复步骤(3)(4),进行多次夯击,直至达到预计夯击次数或者其他设定条件。

2. 计算结果分析

为验证数值模型的可靠性,将模型计算结果与现场监测结果进行对比。现场共分为Ⅰ、Ⅱ两个试验区。Ⅰ区面积为 30 m×30 m,采用 2 000 kJ 夯击能进行试夯,Ⅱ区面积为 30 m×30 m,采用 1 500 kJ 夯击能进行试夯。模拟所得的夯沉量与现场试验结果对比见图 4-4。与现场沉降监测相比,1 次夯击沉降差值分别为 0.7 cm和 0.8 cm;6 次夯击累计沉降差值分别为 3.3 cm 和 4.1 cm,误差较小,模拟结果具有一定可信度。

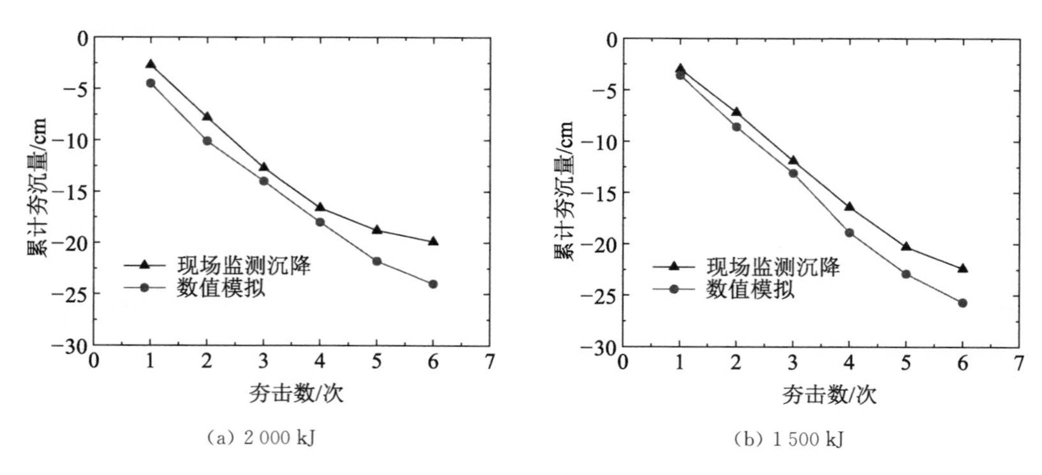

(a) 2 000 kJ　　(b) 1 500 kJ

图 4-4　现场沉降结果与模拟结果对比

除地表夯坑沉降监测点外，在模型的中线下方间隔一定深度分别布置 6 个监测点，以监测强夯过程中土体的深层沉降，监测结果如图 4-5 所示，可以看到，强夯主要的作用分别为夯击沉降、土体回弹和土体平衡三个阶段，三种工况（800 kJ，1 500 kJ，2 000 kJ）的影响深度均主要在地下 4 m 范围内。

不同夯击能夯击结束后的位移矢量图和沉降云图如图 4-6 和图 4-7 所示，可以看到，夯击结束后夯坑两端均出现了一定程度的隆起现象。夯坑竖直方向的珊

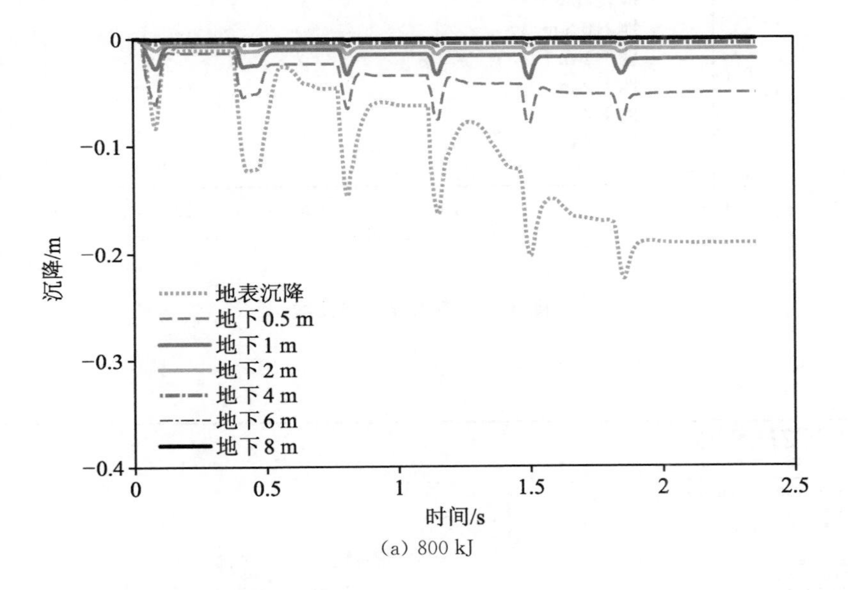

(a) 800 kJ

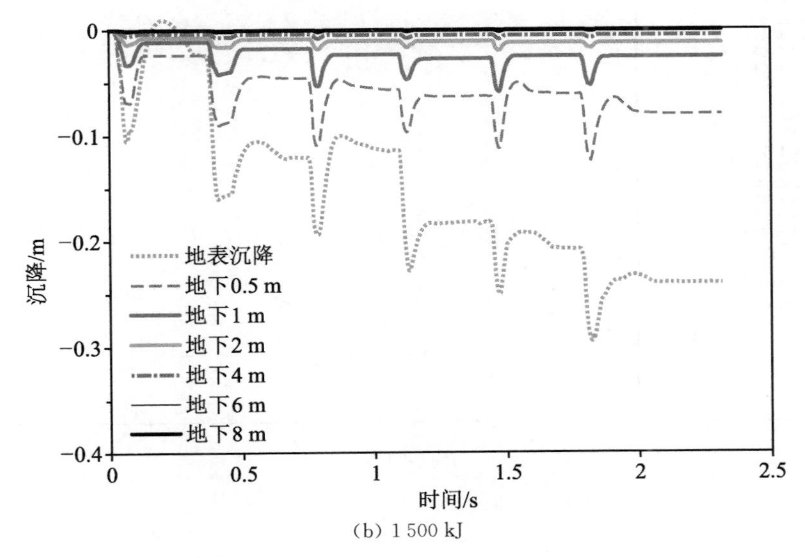

(b) 1 500 kJ

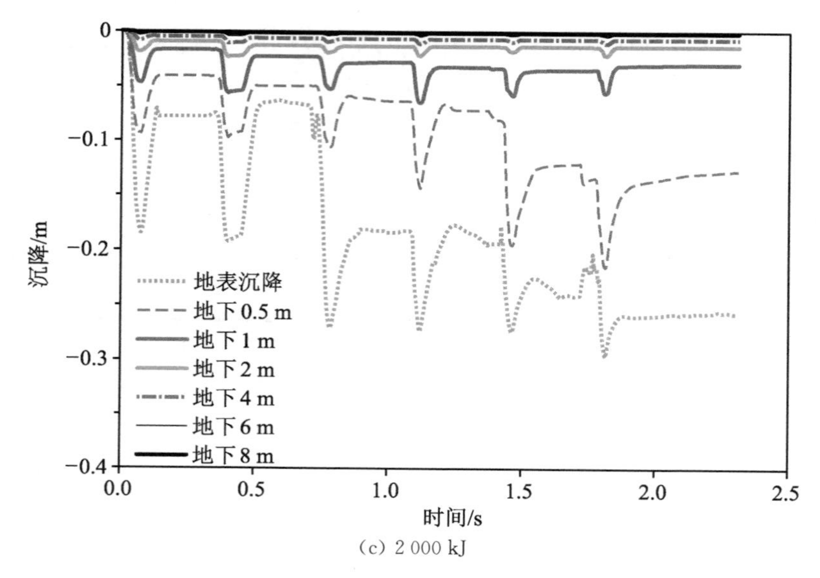

(c) 2 000 kJ

图 4-5　各工况沉降曲线

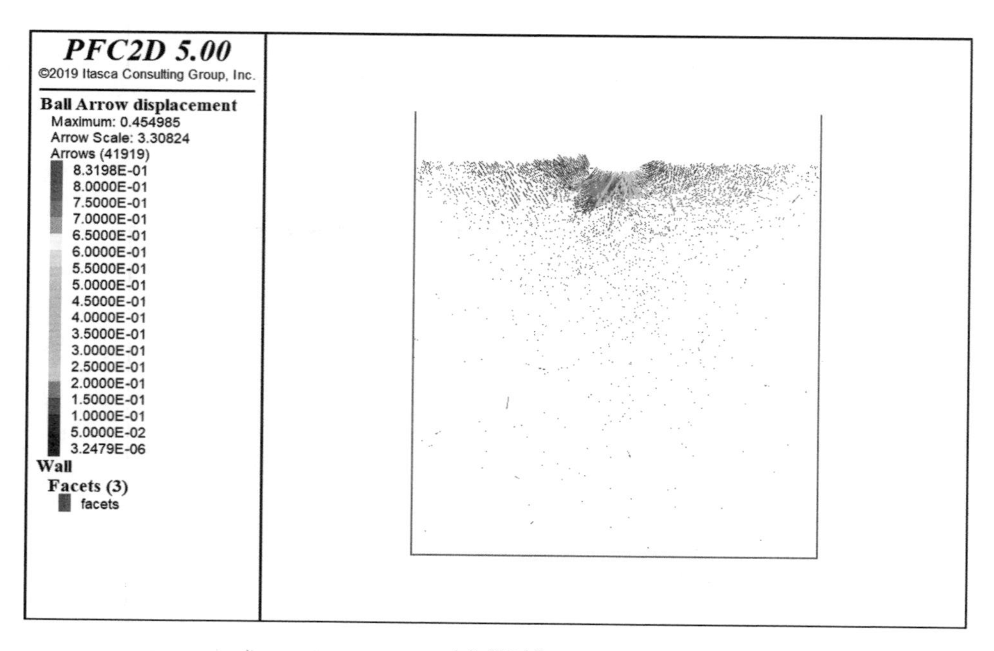

(a) 800 kJ

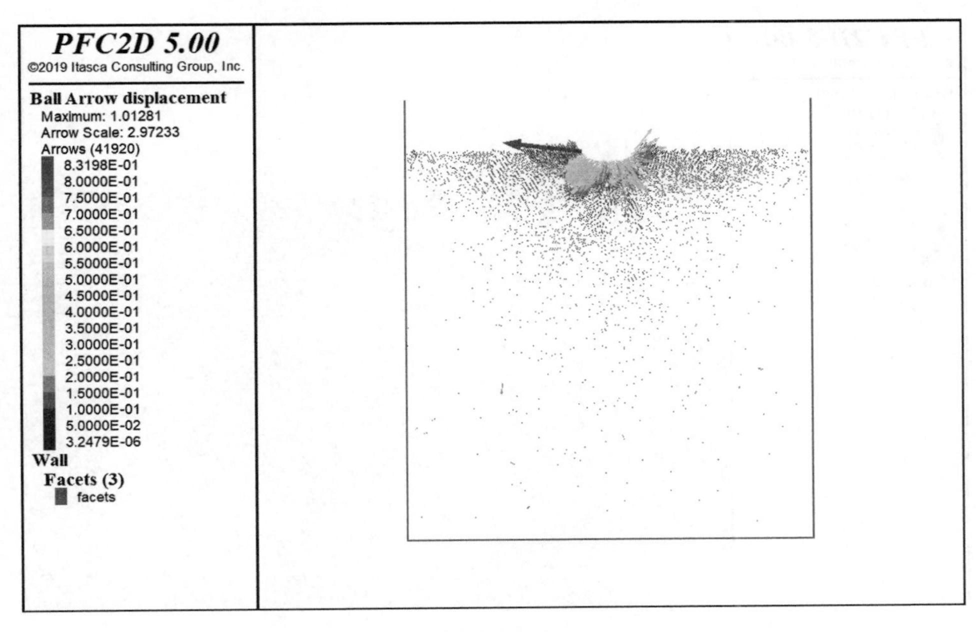

(b) 1 500 kJ

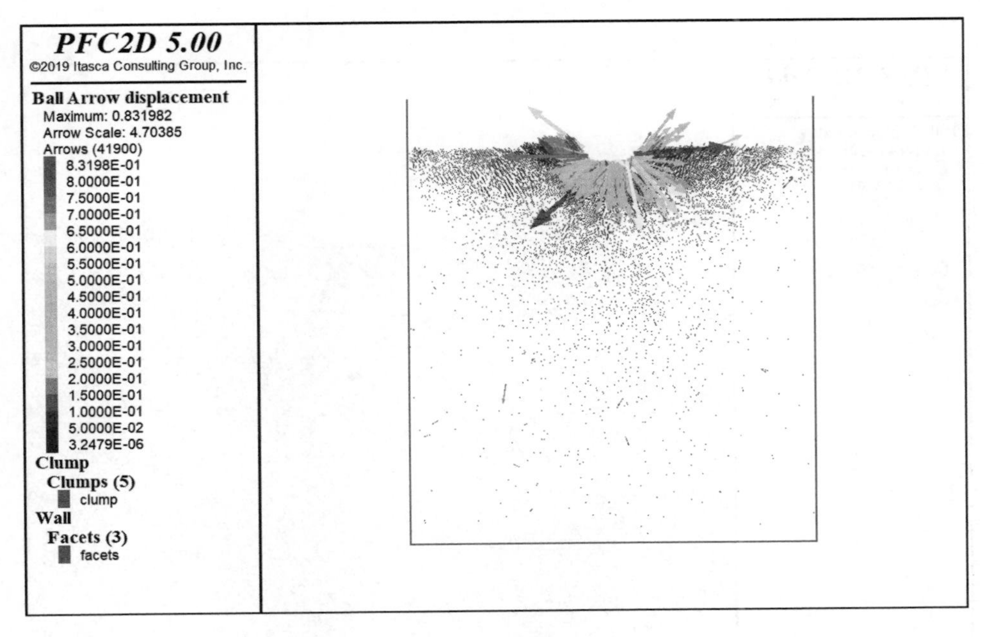

(c) 2 000 kJ

图 4-6　不同工况夯击后位移矢量图

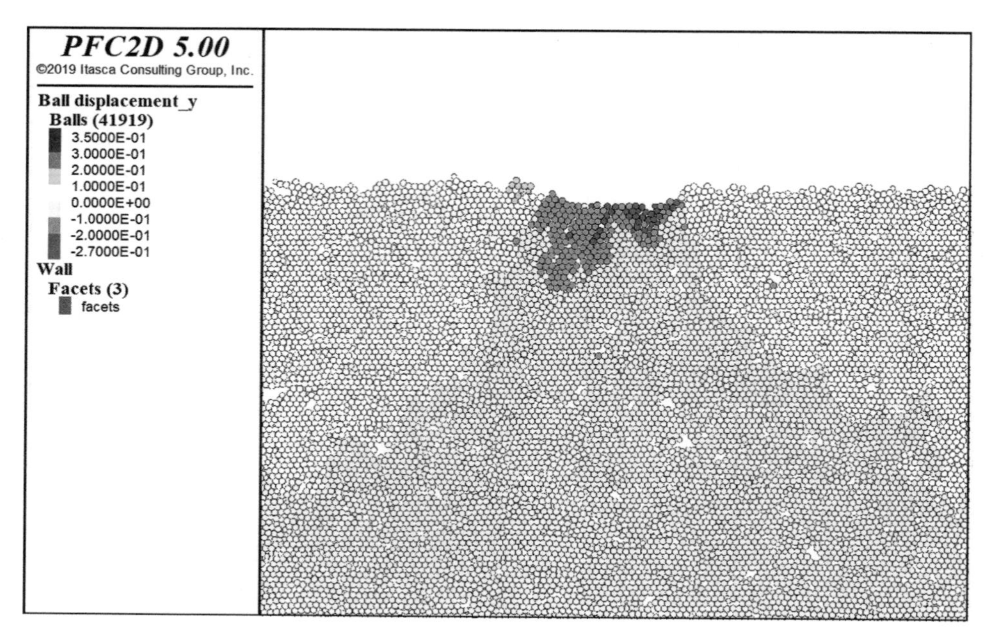

（a）800 kJ

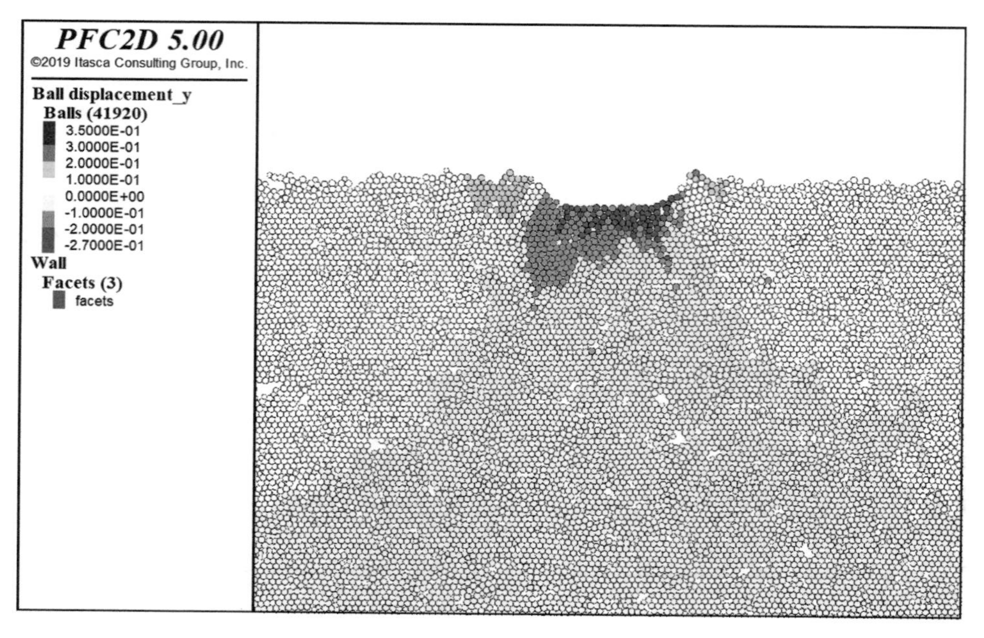

（b）1 500 kJ

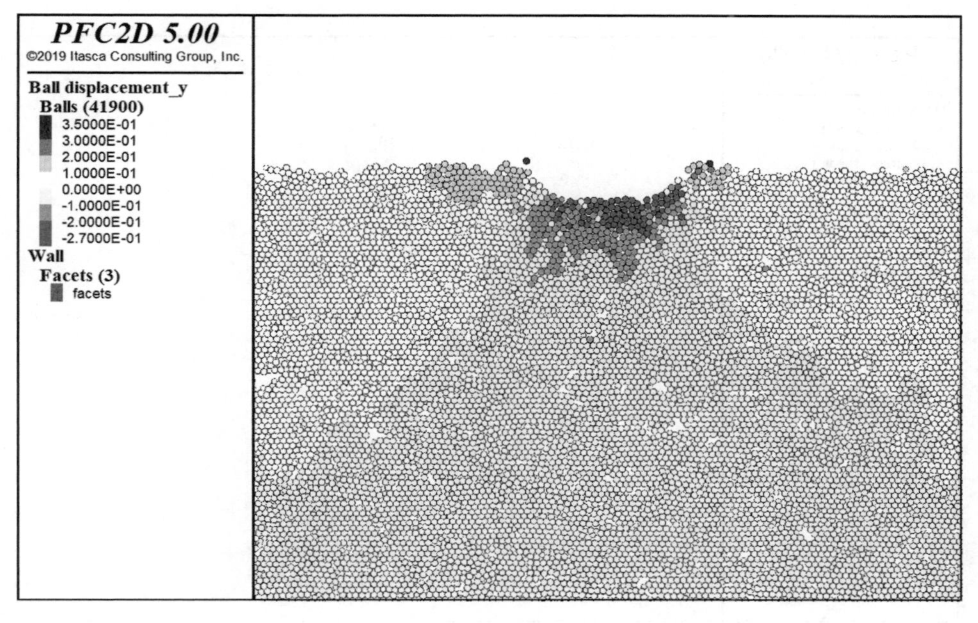

(c) 2 000 kJ

图 4-7　不同工况夯击后沉降云图

瑚礁砂土体受到夯锤冲击作用，颗粒之间孔隙变小，破碎的碎石颗粒与土颗粒挤压形成壳状结构，起到加固作用；夯坑侧下方表现为水平挤密作用，同时发现夯坑坑壁出现一定程度的坍塌。夯坑底面上部颗粒沉降较小是由于夯击过程中坑壁也产生了一定程度的坍塌，掉落到坑底的坑壁颗粒覆盖在原有地表颗粒的上方，并非初始阶段与夯锤接触的颗粒。夯击能越大，夯坑的深度越大，珊瑚礁砂地基的沉降越大。

通过 PFC 2D 内置的 FISH 语言对裂缝检测进行了二次开发，以柔性簇内部黏结键破坏作为裂缝形成条件。图 4-8 为夯击过程中产生的裂缝云图。强夯法造成的颗粒破碎带初始主要分布在夯坑下方，随着夯击次数增多，颗粒破碎带逐渐向夯坑两端发展。由图可知，强夯能级对颗粒破碎的影响主要表现在深度和广度上，并在一定程度上呈正相关，2 000 kJ 能级造成的破碎明显更多，强夯结束后，2 000 kJ 能级监测到的裂缝数目最多，影响范围明显更广。通过监测裂缝坐标数据，2 000 kJ 能级造成珊瑚礁砂颗粒破碎的深度主要分布在坑底 3 m 左右。

模拟过程中发现三种工况的力链发展情况较为相似，如图 4-9 所示，强夯 6 次后，珊瑚礁砂土体中的力链逐渐向夯坑中心集中，呈放射状分布，且力链逐渐向水平方向发展。随着夯击能的增大，颗粒接触力链增加，向地层更深处发展。

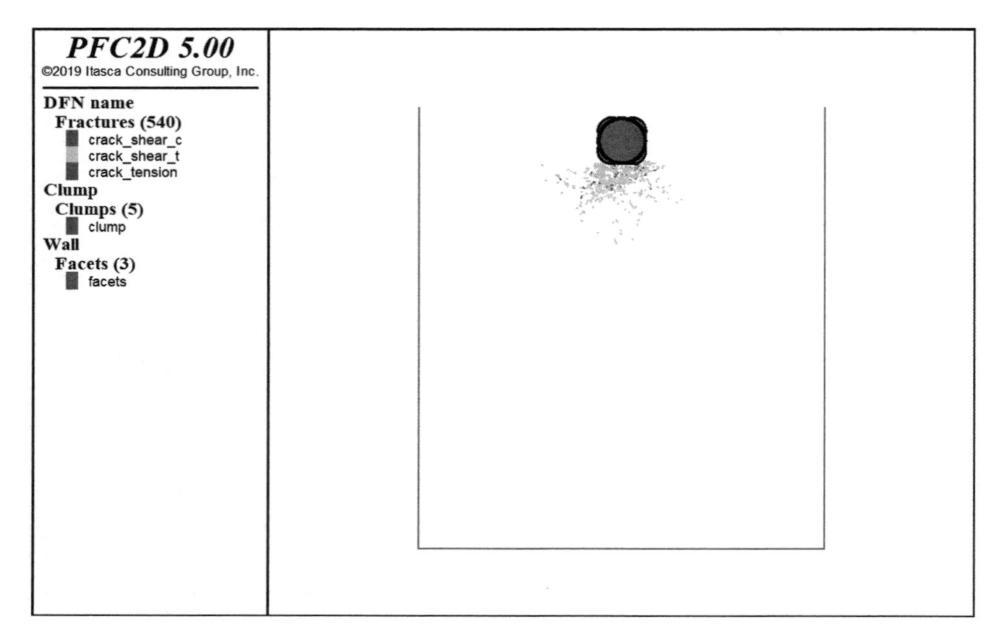

(a) 800 kJ

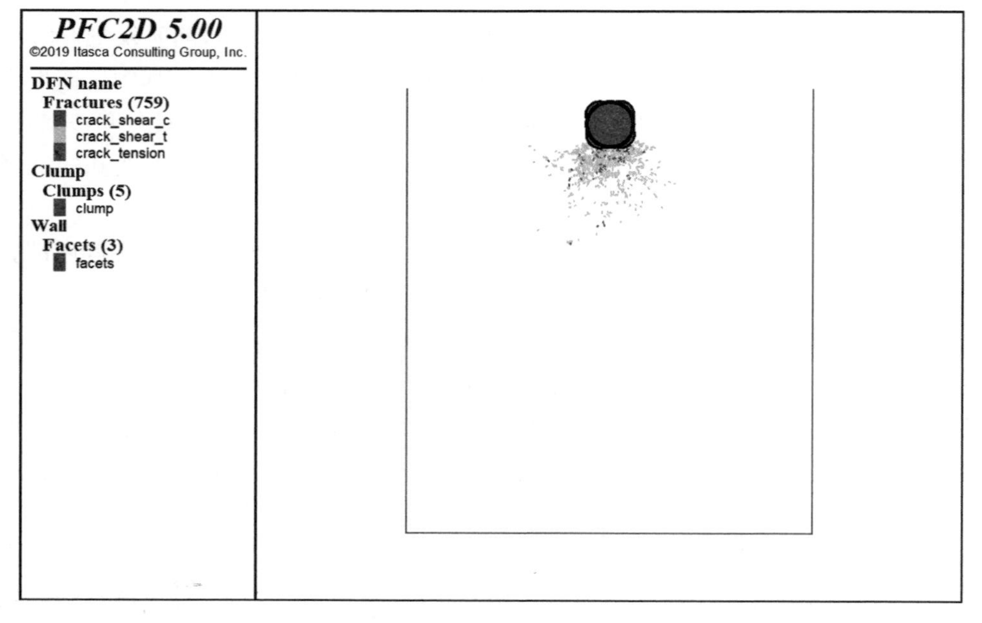

(b) 1 500 kJ

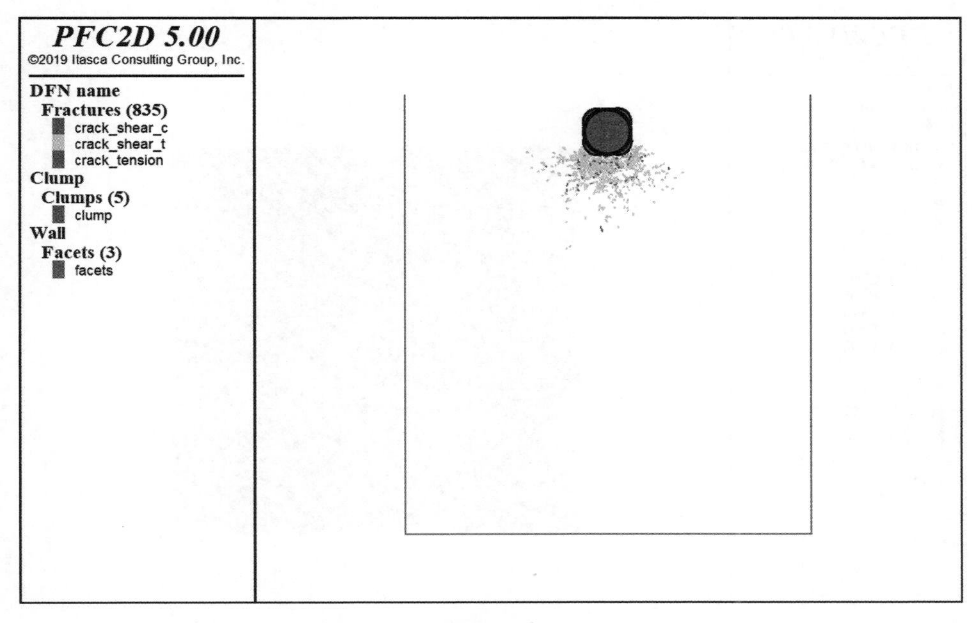

(c) 2 000 kJ

图 4-8　不同工况裂缝云图

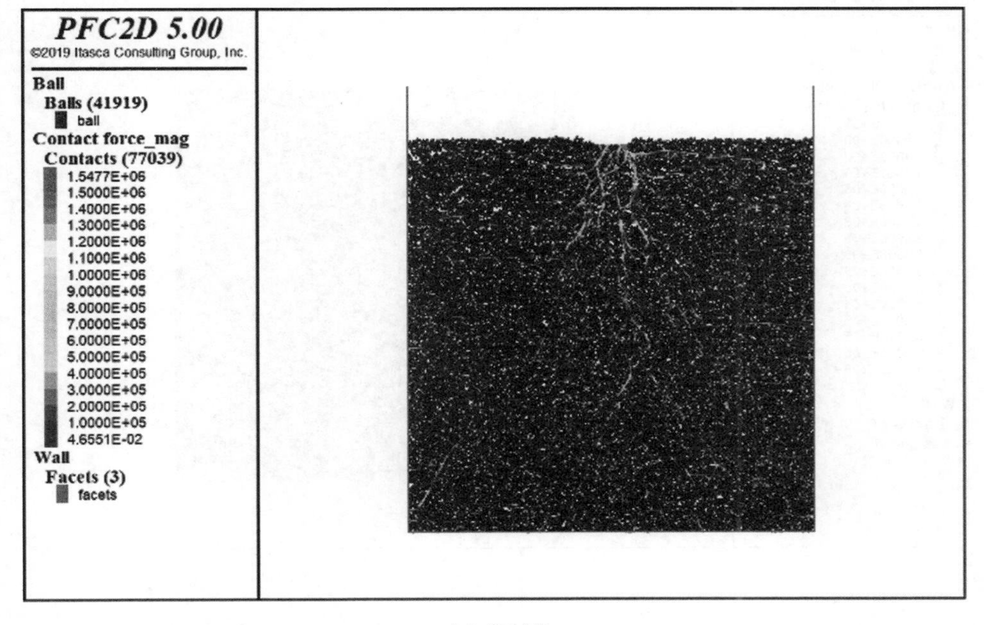

(a) 800 kJ

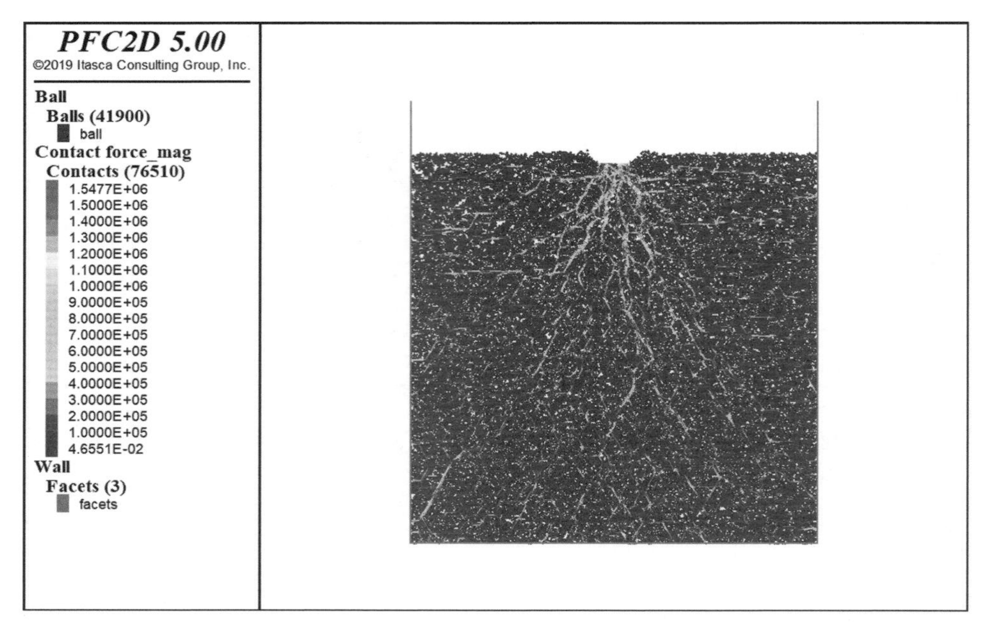

(b) 1 500 kJ

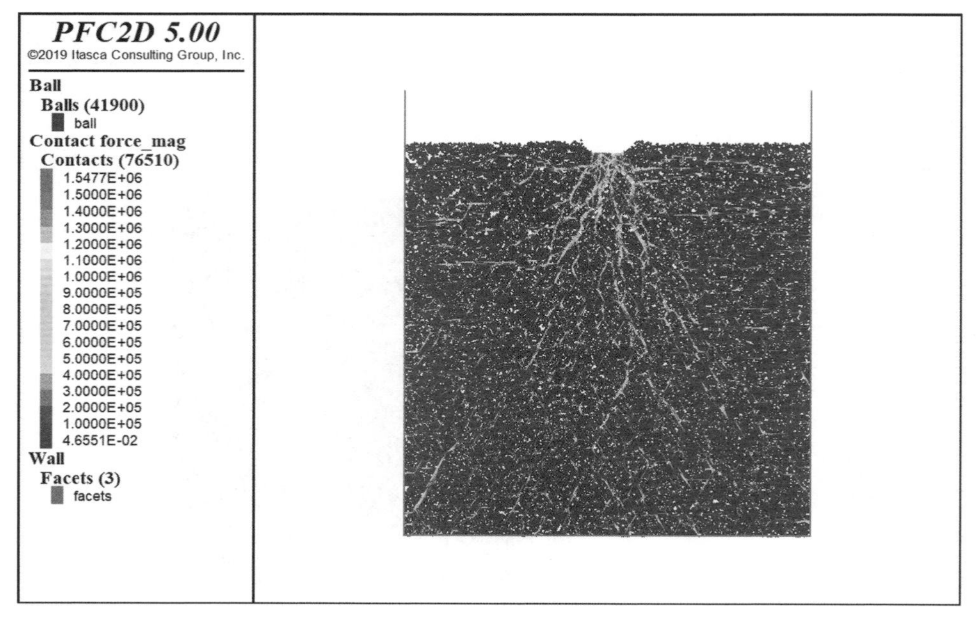

(c) 2 000 kJ

图 4-9　不同工况的力链云图

4.2 振冲法加固机理的数值分析

振冲法处理液化珊瑚礁砂地基主要有振密效应和挤密效应。振冲器凭借高频振动以及高压水流的冲切作用，慢慢贯入地基并沉入孔底。周围土体得到了初步的挤密，并产生了较高的超孔隙水压力。振冲器沉至孔底，进行孔底留振、振动上拔并分段留振。振密使得饱和珊瑚礁砂在动剪应力作用下孔隙体积减小，通常认为孔隙水是不可压缩的，饱和砂体积减小要求有相应体积的水从孔隙中排出。从孔隙水中排出的水量取决于珊瑚礁砂的渗透系数、渗透路径及排水时间。一般留振时间持续几十秒，而珊瑚粗砂的渗透系数在 $10^{-4}\sim10^{-3}$ m/s。在这样的条件下，饱和砂的孔隙水不能及时排出，引起超孔隙水压力升高，有效应力降低。随着孔隙水压力不断升高，土体的抗剪强度不断降低，当孔隙水压力升高到上覆压力时，饱和砂的抗剪强度完全丧失，形成液化。超孔隙水压力随时间消散，土体结构逐渐恢复并得到强化，土体颗粒趋于更密实的状态，地基土强度得到提高。整个加固过程可以概括为三个阶段，即振挤作用、浮振作用和固结作用。利用振挤液化和重新固结的作用来提高珊瑚礁砂地基的密实度，是振冲法处理松散珊瑚礁砂地基的实质。本节将通过数值分析方法来揭示振冲法加固珊瑚礁砂地基的机理。

4.2.1 数值计算分析

与振冲法处理地基相关的土动力学研究是地震液化。饱和砂土动力液化的分析方法经历了从最初的总应力法到把动力反应分析与土的液化等结合起来的有效应力法；从线性分析到非线性分析以及弹塑性分析，有效应力分析法考虑了振动过程中超孔隙水压力变化对土体动力特性的影响。本节利用课题组自主研发的 DBLEAVES 有限元数值分析程序模拟饱和珊瑚礁砂地基振动液化过程，该程序基于完全耦合土-水两相混合体理论，能够对岩土边界问题进行动态和静态有限元分析。通过有限元数值分析方法探讨两点振冲法下珊瑚礁砂地基振冲挤密机理，为两点振冲法的应用提供理论基础。由于液化中珊瑚礁砂颗粒破碎率非常低(低于 5%)，因此，本研究中不考虑振冲液化过程中的珊瑚礁砂颗粒的破碎问题。

1. 计算模型及边界条件

建立饱和珊瑚礁砂地基在两点振冲作用下的三维有限元计算模型(图 4-10)，计算模型的尺寸为 15.3 m×12.4 m×10 m，计算模型的单元数为 20 672 个，节点数为 23 205 个。地基土为松散的吹填珊瑚礁砂(D_r=25%)，地下水位埋深为 4 m，地下水位以下呈饱和状态。本数值模拟中采用的是 ZCQ100A 型双点振冲器，振冲器的直径为 0. 402 m，长度为 3. 215 m，振动频率为 24. 6 Hz，两点振冲器的间距为 2. 5 m，振冲作业的深度为 10 m。振冲器采用线弹性本构模型模拟，松散的吹填珊瑚礁砂地层采用 Cyclic Mobility(动力循环加载)弹塑性本构模型。

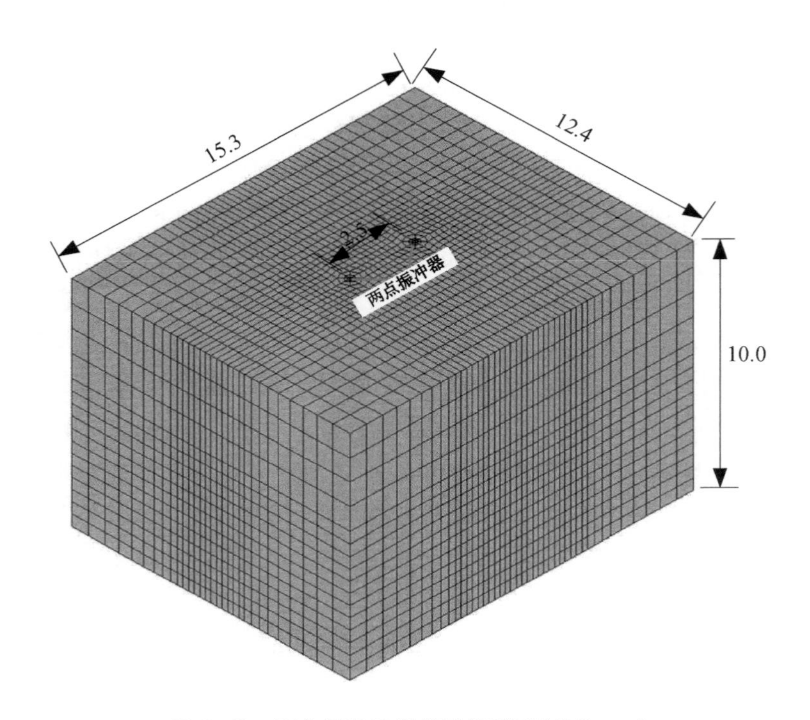

图 4-10　两点振冲法数值计算模型(单位：m)

饱和珊瑚礁砂的孔隙水压力 p 和固结相变位 u_i 采用如下假定：①孔隙率 n 的时间、空间变化率相对于其他变量来说非常小；②液相和固相加速度相对来说非常小；③土颗粒不可压缩。在上述假定基础上得到饱和土体的平衡方程和连续方程。

两相混合体的平衡方程：

$$\rho \ddot{u}_{i}^{s}=\frac{\partial \sigma_{ij}}{\partial x_{j}}+\rho b_{i} \tag{4-1}$$

式中　ρ——固相和液相混合体的密度；

$\ddot{u}_{i}^{s}$——固相的加速度；

σ_{ij}——应力张量；

b_i——体积分布力。

两相混合体的连续方程：

$$\rho^f \ddot{\varepsilon}_{ii}^s - \frac{\partial^2 \rho_d}{\partial x_i \partial x_i} + \frac{\gamma_w}{k}\left(\frac{\ddot{\varepsilon}_{ii}^s}{n} - \frac{1}{K^f}\dot{\rho}_d\right) = 0 \tag{4-2}$$

式中　ρ^f——液相的密度；

γ_w——固相的体积应变速率；

ρ_d——减去静水压力的超孔隙水压；

r_w——水的单位体积重力；

K_f——液相的体积弹性系数；

k, n——固体的渗透系数和孔隙率。

单元离散时，固体用有限元法，液体用有限差分法，即 FEM-FDM 杂交法。

2. 动力循环加载弹塑性本构模型

CM(Cyclic Mobility，动力循环加载)本构模型(图 4-11)融合了修正剑桥模型和上、下负荷面模型[图 4-11(a)]，并引入应力诱导各向异性[图 4-11(b)]，使得屈服面随着各向异性的变化而变化，其中下负荷面方程如式(4-3)所示。该动力本构模型可以描述砂土试样在循环荷载作用下的应变硬化、软化、临界状态、剪缩、剪胀和应力依存性等特性，珊瑚礁砂的物理力学参数见表 4-3。为验证模型的准确性，开展松散珊瑚礁砂在围压为 98 kPa 条件下不同动剪切应力比的不排水动三轴试验，并与数值模拟结果做比较(图 4-12)，发现 CM 本构模型能很好地表达珊瑚礁砂在不排水条件下的动强度特性。

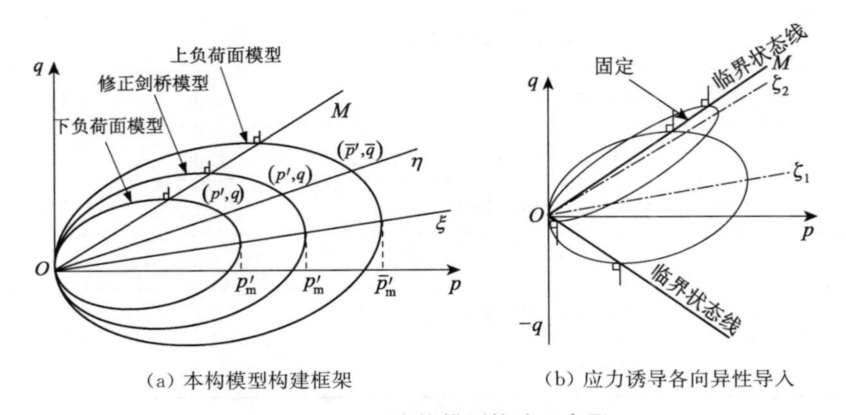

图 4-11　CM 本构模型构建示意图

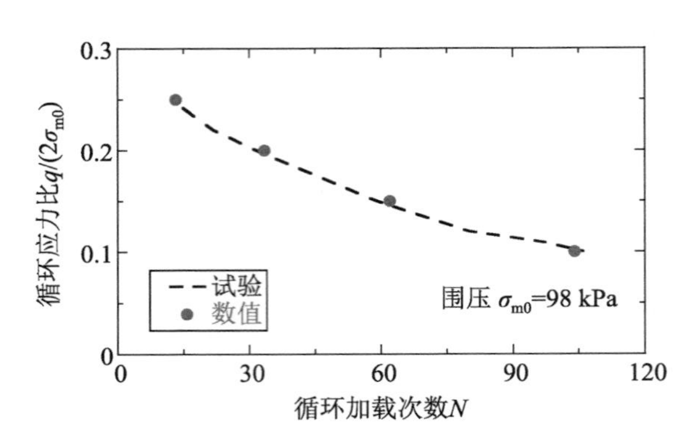

图 4-12　松散珊瑚礁砂动强度特性对比

表 4-3　吹填珊瑚礁砂的动力计算参数

参数	珊瑚礁砂
压缩指数 λ	0.05
膨胀指数 κ	0.01
临界状态应力比 M	1.42
孔隙比 N（p'=98 kPa 时正常固结状态下的孔隙比）	0.90
泊松比 ν	0.30
超固结状态变化参数 m	0.01
结构衰退参数 a	1.5
各向异性发展速度控制参数 b_r	1.5
渗透系数 k/(m·s^{-1})	1×10^{-4}
初始孔隙比 e_0	0.85
平均主应力 p'/kPa	120.0
初始结构 R_0^*	0.5
初始超固结比 OCR	1.2
初始各向异性 ζ_0	1.5

$$f = \ln\frac{p'}{\tilde{p}'_0} + \ln\frac{M^2 - \zeta^2 + \eta^{*2}}{M^2 - \zeta^2} + \ln R^* - \ln R - \frac{\varepsilon_v^p}{C_p} = 0 \tag{4-3}$$

$$d\beta_{ij} = \frac{M}{C_p} b_r (b_1 M - \zeta) d\varepsilon_d^p \frac{\hat{\eta}_{ij}}{\| \hat{\eta}_{ij} \|} \tag{4-4}$$

$$\eta^* = \sqrt{\frac{3}{2}\hat{\eta} \times \hat{\eta}}, \quad \hat{\eta} = \eta_{ij} - \beta_{ij}, \quad \eta_{ij} = \frac{S_{ij}}{p'}, \quad p' = \frac{\sigma'_{ii}}{3} \tag{4-5}$$

$$\eta = \sqrt{\frac{3}{2}\eta_{ij} \times \eta_{ij}}, \quad \xi = \sqrt{\frac{3}{2}\beta_{ij} \times \beta_{ij}}, \quad C_p = \frac{\lambda - k}{1 + e} \tag{4-6}$$

$$dR = U \| d\varepsilon_{ij}^p \| + R \frac{\eta}{M} \frac{\partial f}{\partial \beta_{ij}} d\beta_{ij}, \quad U = -\frac{mM}{C_p} \left[\frac{\left(\frac{p_m}{p_{m0}}\right)^2}{\left(\frac{p_m}{p_{m0}}\right)^2 + 1} \right] \ln R \tag{4-7}$$

$$dR^* = U^* d\varepsilon_d^p, \quad U^* = \frac{aM}{C_p} R^* (1 - R^*) \tag{4-8}$$

$$R^* = \frac{\tilde{p}'}{\bar{p}'} = \frac{\tilde{q}}{\bar{q}}, \quad R = \frac{p'}{\bar{p}'} = \frac{q}{\bar{q}} \tag{4-9}$$

3. 振动荷载设定

振冲器会在地基土中产生能量，地基土质点在外来能量的冲击作用下连续振动，其振动能量类似于“蝴蝶效应”传递给周围介质，引起其他土颗粒质点的振动，进而在地基土中形成能量波。根据能量波在地基土中的传递方式及其对地基土的作用特性可以将其分为体波和面波，而体波包含纵波（P 波）和横波（S 波），面波包含瑞利波（R 波）和乐甫波（L 波）。瑞利波是由纵波和横波传递至地表附近时发生干涉而产生的。振冲传入地基的冲击能量虽然会产生体波和面波，但只有体波起加固密实作用，它们使振冲柱周围一定范围的土体得到密实，而面波不起加固作用（图 4-13）。本节研究在地基深处某一位置的振冲机理，计算中只考虑振冲探头传出的体波能量传递情况。

在数值计算分析中，两点振冲荷载的作用深度为 7.25 m，等效激振力荷载 F（图 4-14）作用于振冲器上，以左侧施加水平振冲荷载 F 的方式模拟振冲器的水平振动作用，两点振冲时间即留振时间为 20 s。

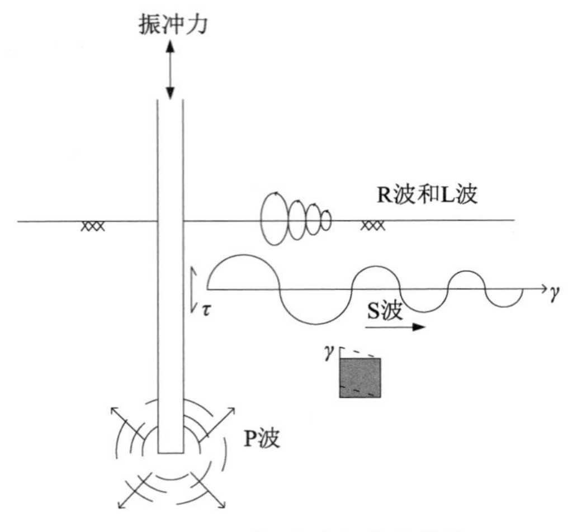

图 4-13　振冲过程产生的波

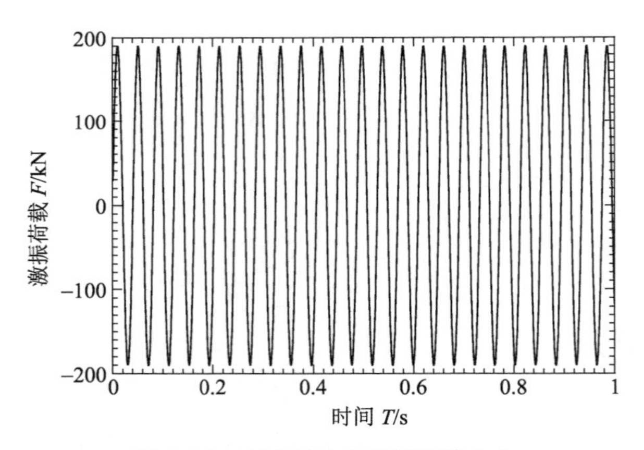

图 4-14　两点振冲法激振荷载大小

根据文献[122]的研究，可以确定振冲器施加到土体的等效激振力幅值 F 为

$$F=4\pi^2 Mf^2 \tag{4-10}$$

式中　M——偏心静力矩(kg·m)；

f——振动频率(Hz)，作为模拟分析，本节设定偏心静力矩 $M=8$ kg·m，振动频率 $f=24.6$ Hz。

4. 数值结果及分析

数值模拟工法为无填料两点振冲，两点振冲荷载作用 20 s 后珊瑚礁砂地基的超孔隙水压力分布和孔压比分布如图 4-15～图 4-17 所示。

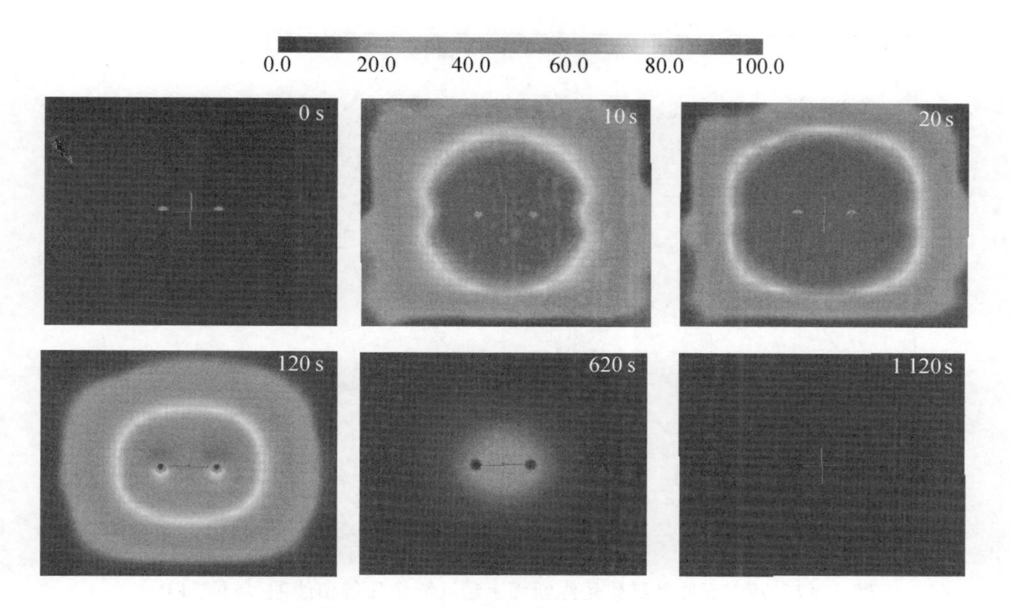

图 4-15　两点振冲荷载作用横断面上超孔隙水压力的发展变化(单位：kPa)

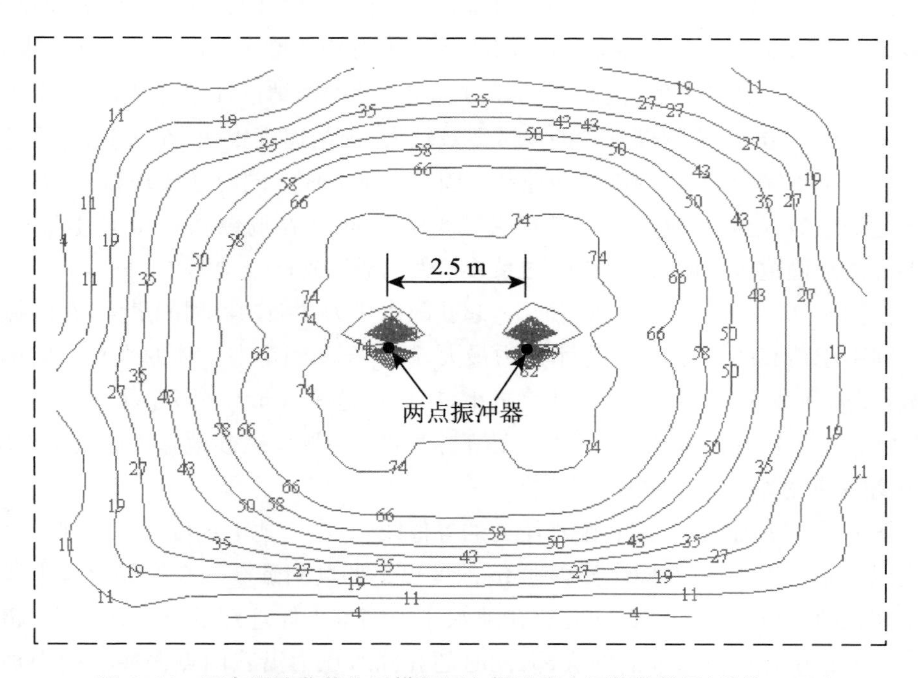

图 4-16　两点振冲荷载作用横断面上超孔隙水压等值线图(单位：kPa)

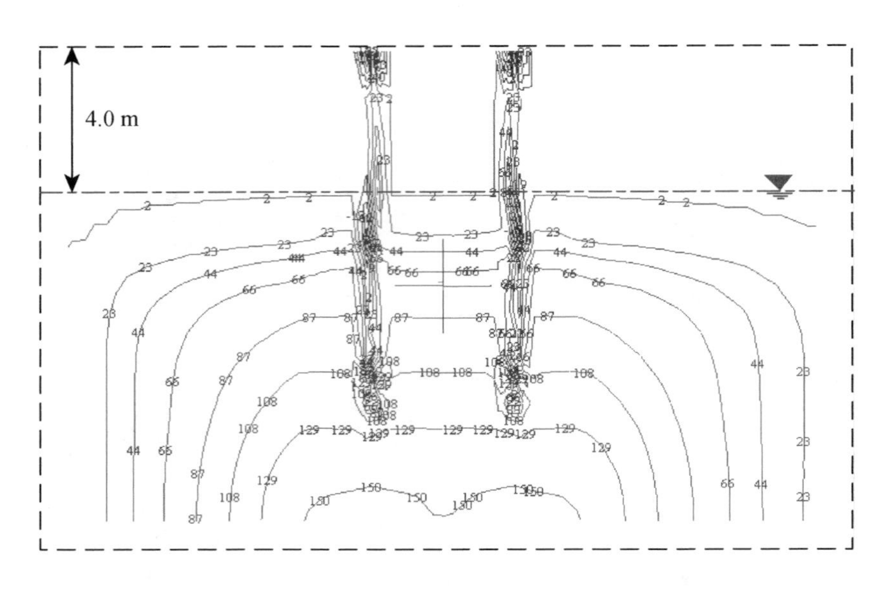

图 4-17　两点振冲荷载作用纵断面上超孔隙水压等值线图(单位：kPa)

图 4-15 是无填料振冲工法施工过程及后续固结过程的超孔隙水压力变化图。随着两点振冲荷载的作用,横截面上超孔隙水压力持续增大,在 20 s 振冲结束时,超孔隙水压力达到最大值(接近 100 kPa)。在后续的固结过程中,珊瑚礁砂土中的孔隙水逐渐消散,因为珊瑚礁砂的渗透系数较大,固结速度很快,在 1 120 s后超孔隙水压力基本完全消散,珊瑚礁砂地基的固结沉降完成。同时还发现,在距离振冲器较远的区域,超孔隙水压力并没有明显变化,这说明在珊瑚礁砂加固过程中,两点振冲法加固范围有限,即使在渗透系数较大的珊瑚礁砂土地基中。

由图 4-16 可知,在水平作用面上,超孔隙水压力在振冲器周围最大,在两振冲器中间由于荷载的叠加,超孔隙水压力最大,随着振动能量在土体的水平方向迅速衰减,珊瑚礁砂的超孔隙水压力迅速减小,在振冲范围 3 m 以外,超孔隙水压力几乎为零。这说明在地基加固过程中,无填料振冲法对珊瑚礁砂地基加固范围有限,在距离振冲设备 3 m 左右的范围内。

图 4-17 为纵断面上超孔隙水压力的等值线图,由于地下水位埋深为 4 m,4 m 深度以上是干土,没有孔隙水压力,4 m 深度以下的珊瑚礁砂土在振冲过程中才会产生超孔隙水压力。珊瑚礁砂的超孔隙水压力随着土体埋深的增大而增大,超孔隙水主要集中在两点振冲器的底部,同时超孔隙水压力沿着两点振冲器的中轴线呈对称分布,距离中轴线越远,振动能量越小,超孔隙水压力越小。

为了判别所研究的土体是否液化，一般直接应用土体有效应力是否为“0”这个准则。本节将采用超静孔隙水压力 u 与初始有效应力 σ_0' 之比 R_p（孔压比）的大小来判别土体是否液化。

$$R_p = \frac{u}{\sigma_0'} \tag{4-11}$$

一般当 $R_p \geqslant 0.90$ 时，认为土体处于液化状态。

图 4-18～图 4-21 是无填料两点振冲荷载作用 20 s 后的孔压比情况。从图中可以看出，在振冲荷载作用的水平面上，$R_p > 0.9$ 的水平范围约为 2.5 m，即在该范围内珊瑚礁砂基本处于液化状态。在液化深度方面，在两点振冲荷载作用点上、下 3 m 范围内，珊瑚礁砂处于基本液化状态。对于地下水位以上的珊瑚礁砂，它是干土，超孔隙水压比为 0，在模型的边界面两侧，超孔隙水压比数值为 0.1 左右，说明模型的边界面两侧超孔隙水压力非常小，振冲荷载几乎影响不到。根据前人的研究可知，饱和砂土只有处于基本液化状态时，砂土才会产生很大的应变，而砂土不产生应变就不能获得密实。一般情况下，基本液化的范围就是振冲器两点振冲时的最佳加密范围。当振冲器插入地基土中振动时，振冲探头产生的能量会以体波的形式源源不断地向周围土体中传播，使土层内部的土颗粒趋向密实状态而重新排列。振冲器的振动是一种胁迫振动，体波在土层中的传播为阻尼振动。随着传播距离的增大，波能逐渐减小，对地基土的加固作用减小。振冲具有一定的加固范围，超过这个范围，振冲对地基土起不到加固作用，将这个加固范围称为有效加固半径。由数值计算结果可知，无填料两点振冲法对吹填珊瑚礁砂的有效加固半径在水平方向约为 2.5 m，在竖直方向约为 3 m。

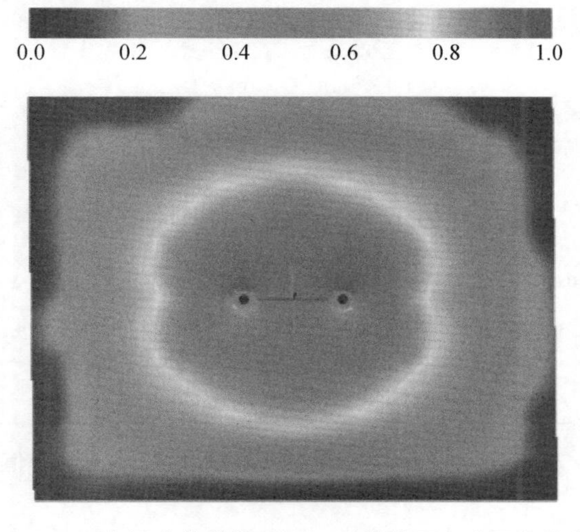

图 4-18　两点振冲荷载作用 20 s 后横截面上孔压比的变化

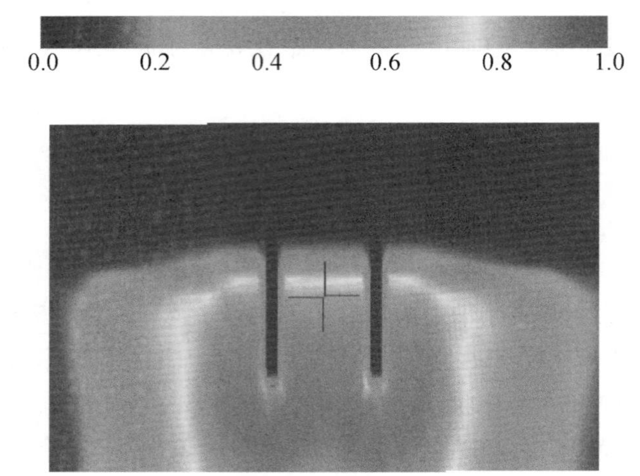

图 4-19　两点振冲荷载作用 20 s 后纵截面上孔压比的变化

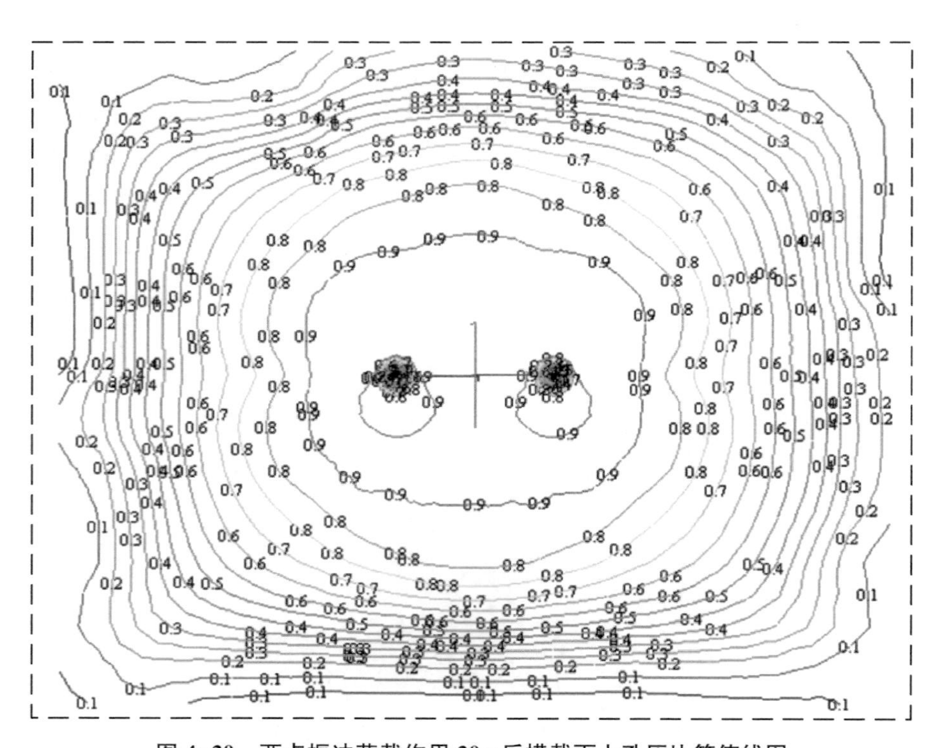

图 4-20　两点振冲荷载作用 20 s 后横截面上孔压比等值线图

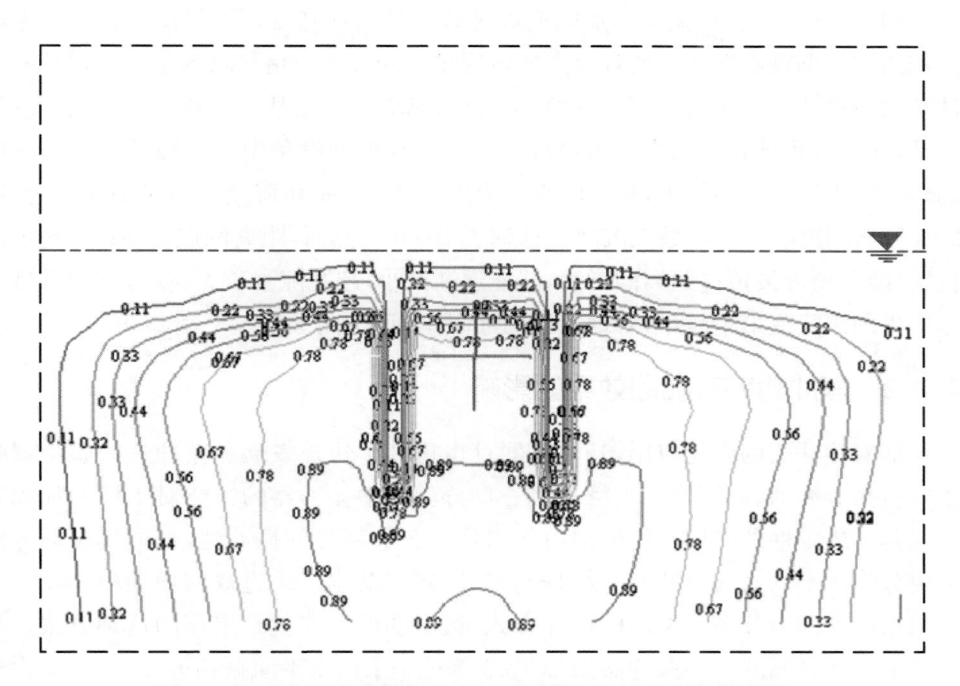

图 4-21　两点振冲荷载作用 20 s 后纵截面上孔压比等值线图

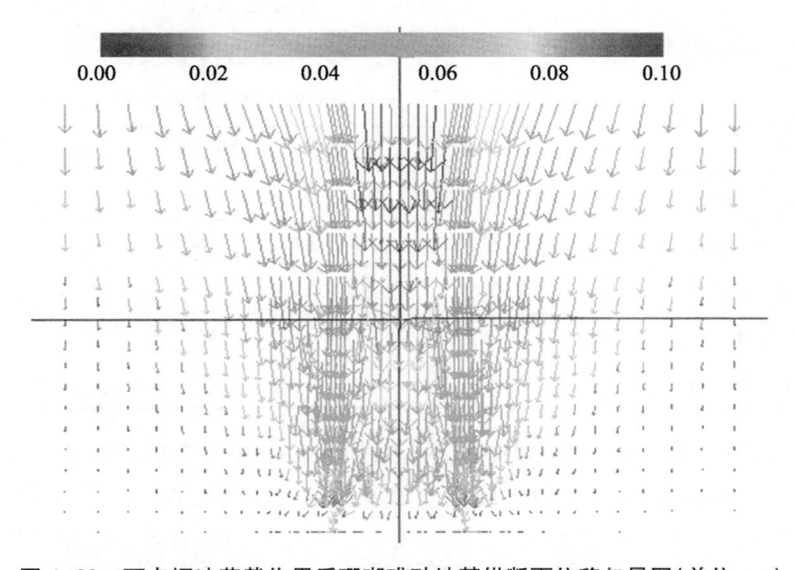

图 4-22　两点振冲荷载作用后珊瑚礁砂地基纵断面位移矢量图(单位：m)

图 4-22 为无填料振冲法加固珊瑚礁砂地基后地基变形矢量图。无填料振冲法加固吹填珊瑚礁砂地基的效果主要体现在振冲过程中超孔隙水压力的增长和振冲结束后超孔隙水压力的消散，振冲结束后，珊瑚礁砂地基在自重应力作用下发生固结，固结过程即超孔隙水压力消散过程。两点振冲设备中间的珊瑚礁砂地基中的超孔隙水压力分布最大，超孔隙水压力消散后产生的沉降变形也是最大的，振冲 20 s 后珊瑚礁砂地基的最大沉降量达到了 10 cm。然而，距离两点振冲设备越远的位置，随着振冲波传播距离的增大，波能逐渐减小，超孔隙水压力越小，珊瑚礁砂地基产生的沉降变形也越小，对地基土的加固作用也越小。

4.2.2 振冲功率对加固效果的影响

随着振冲法的广泛应用，其施工器具也得到了快速发展。振冲法的施工器具主要包括振冲器、伸缩管和支撑吊机三部分。其中振冲器的性能对土体的加固效果起到了决定性的作用。目前国内外出现了各种型号的振冲器，根据其振动方向主要分为水平向振动振冲器、垂向振动振冲器以及水平垂直双向振动振冲器。水平向振动是国内外最常采用的振冲方式，最早的振冲器就是采用的这种方式。我国早期自行研制的一些振冲器如 ZCQ13 等也是采用水平向振动方式，目前国内外常用的水平向振动振冲器如表 4-4 所示。振冲器参数不同，振冲力大小不同，则加固效果也不同。一般来说，振动力越大，影响范围就越大，但加固效果通常并不随其成比例增加，对不同的土质和加固深度，应该选择不同的振动力。

表 4-4 国内常用的水平向振动振冲器的主要技术参数

型号	ZCQ30	ZCQ55	ZCQ75	ZCQ100	ZCQ132	ZCQ180
电机功率/kW	30	55	75	100	132	180
振动频率/(r · min^{-1})	1 450	1 460	1 460	1 460	1 480	1 480
振幅/mm	4.2	5.6	6.0	8	10.5	8.0
激振力/kN	90	130	160	190	220	300
偏心力矩/(N · m)	38.5	55.4	68.3	83.9	102.0	120.0

不同的振冲器具有不同的振冲功率，振冲器功率决定着振冲探头的能量源大小，即决定着振冲荷载的大小，对振冲加固范围起着决定性作用。图 4-23 为不同的振冲器功率下珊瑚礁砂地基的有效加固半径，由图可知，有效加固半径随着振冲器功率的增大而增大，但增加的速率随之减小，当振冲器功率达到 100 kW 后，有效加固半径的增加速率明显减小，因此，在实际施工过程中，应根据施工要求选择合

理的振冲设备。

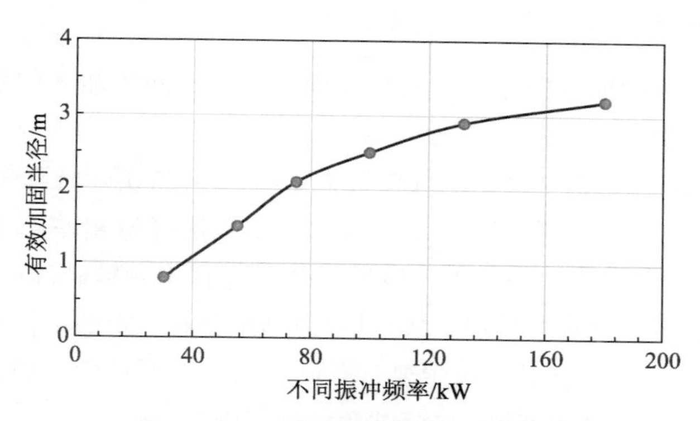

图 4-23　不同振冲频率下的加固范围

4.2.3　密实度对加固效果的影响

对于吹填珊瑚礁砂地基，初始相对密实度(D_r)与最大、最小孔隙比密切相关，它反映了土层的相关性质，是影响珊瑚礁砂振冲加固效果的一个重要因素。D_r=25%，D_r=45%和 D_r=75%这三种不同密实度的珊瑚礁砂，在振冲荷载作用下，其液化范围会有显著差异(图 4-24)。

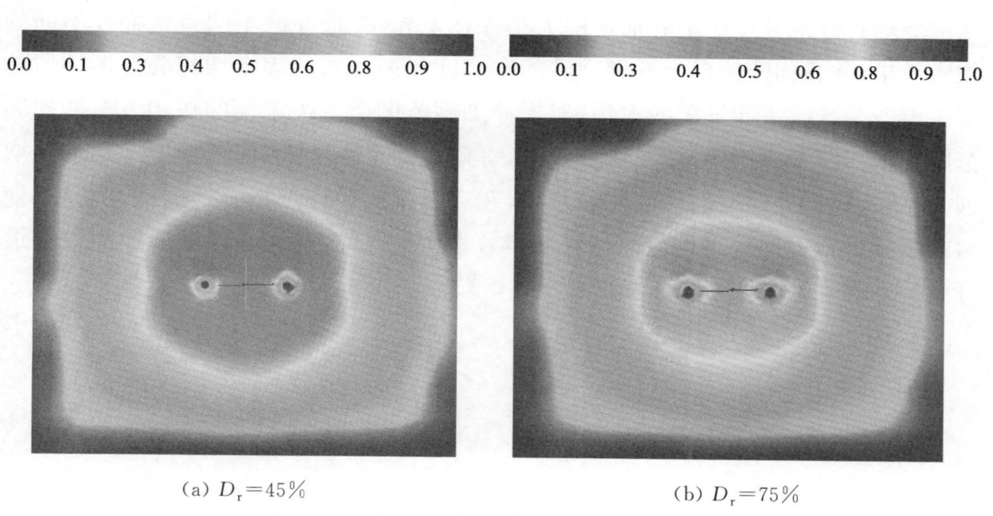

(a) D_r=45%　　(b) D_r=75%

图 4-24　密实度较高的珊瑚礁砂振冲后横截面的孔压比分布图

4.3 本章小结

通过对珊瑚礁砂地基强夯法加固和无填料两点振冲法加固的数值模拟分析，可以得到以下结论：

（1）2 000 kJ 对应的 6 次夯击沉降量为 25.7 cm，与实际沉降量相差 3.3 cm，1 500 kJ 对应的 6 次夯击沉降量为 24.0 cm，与实际沉降量相差 4.1 cm，说明采用 PFC 2D 离散元软件建立考虑珊瑚礁砂地基强夯过程中颗粒破碎的数值模型来探究珊瑚礁砂颗粒破碎过程及发展趋势，其数值结果具有一定的可信性。

（2）在强夯过程中，初始阶段主要是夯坑底部碎石颗粒发生破碎，随着夯击次数增多，破碎带逐渐向夯坑两侧发展，破碎的珊瑚礁砂颗粒的深度和范围在一定程度上与夯击能大小成正相关。强夯过程中夯坑两端出现隆起现象，同时随着强夯能级增大，坑壁出现坍塌，造成一定程度的偏锤，同时部分颗粒出现飞起现象。

（3）无填料振冲法加固吹填珊瑚礁砂地基的效果主要体现在振冲过程中超孔隙水压力的增长和振冲结束后超孔隙水压力的消散，依靠振冲器的强力振动使珊瑚礁砂地基发生短暂液化或砂土原始结构被破坏，土颗粒重新排列，孔隙减小，地基形成更为密实的结构。

（4）振冲过程中能量由振源向四周传递的远近不同，故振冲在距振源不同距离的珊瑚礁砂地基中产生的加速度大小存在差异，在振冲区不同位置存在不同的加密效果，并且加密效果与珊瑚礁砂的密实度和振冲器功率密切相关。振冲器功率决定着振冲探头能量源的大小，对振冲加固范围起着决定性的作用。振冲加固范围与振冲功率成正比，振冲功率越大，有效加固半径越大，但随着振冲功率的增加，有效加固半径的增加速率明显减小，在实际施工中应选择合适的振冲功率，使得既能满足施工要求又能降低施工成本。振冲法对松散的珊瑚礁砂加固效果最好，对密实的珊瑚礁砂几乎没有效果。

第 5 章　振冲法加固吹填珊瑚礁砂地基设计及施工指南

振冲法加固砂土地基的主要原理是依靠振冲器的振动和水的冲力作用，使砂层发生短暂液化或结构破坏，从而使砂颗粒重新排列，进而使得砂层孔隙减少。另外，依靠振冲器的水平挤压作用，将补充的砂挤压密实，从而达到加固砂土地基的目的。目前，振冲法加固砂土类地基的主要方法有两种，即无填料加固法和填料加固法。其中，填料振冲由于填料需求量大、工程质量不易控制、检验难度大以及不能有效解决不均匀沉降等问题，目前尚存在较大争议。因此，对于码头、机场和道路等加固面积大、对不均匀沉降要求高的工程项目来说，采用填料振冲法具有很大的局限性。由于振冲法可以有效解决上述问题，而且具有施工简便、工期短和造价低等显著优点，因此，对于黏粒含量低于 10%的松散中、粗砂地基，无填料振冲法具有十分重要的工程应用价值。

前文对珊瑚礁砂性能的研究以及两种吹填珊瑚礁砂地基处理方法效果的对比分析，证实了采用无填料振冲法加固吹填珊瑚礁砂地基的有效性和适用性。为了方便该技术成果的推广以及应用，有必要总结并提出无填料振冲法加固吹填珊瑚礁砂地基的设计方法及施工指南，以便为岛礁吹填工程提供技术指导。

5.1　振冲法加固地基设计

采用无填料振冲工艺时，需要根据所在区域的具体地质条件作出适当调整，合理控制振冲施工的技术参数，方能做到经济有效地使加固地基满足各项设计指标。以下给出无填料振冲法施工中的一些设计要点及注意事项。

5.1.1　设计要点

1. 施工对象

本方法适用于加固处理黏粒含量较低的粗砂、中砂以及粉细砂地基，所采用的振冲工艺还需根据所在区域的具体地质条件作出适当调整，合理控制振冲施工的技术参数，从而经济且有效地使加固的地基满足各项设计指标。

2. 振冲方式

当现场振冲器功率不足时，可采用两点振冲的方式施工，即将两台振冲器固定在能调节间距的支架上，并用吊机吊起两台振冲器同时开展作业，使其始终处于同一水平面进行共振，两点振冲能有效地限制振冲过程中流态区的扩展，起到加强挤密作用，从而提高振冲加固效果及效率，其在消除地基液化风险方面要明显好于单振。

3. 点位布置

考虑到现场吹填地基需消除砂土液化的风险，需要在地基的外缘扩大振冲的作用范围，以此来保证加固地基抗液化的能力，作用范围应大于地基易液化土层厚度的 1/2。对于大面积的地基加固工程，振冲桩位应按等边三角形的方式布置，各点间间距相同，振冲深度原则上要求达到珊瑚礁盘顶部，若实际礁盘层顶埋深超过 10 m，则振冲深度至 10 m 即可。

4. 留振时间

为保证振冲质量，避免地基振冲不充分或者漏振，施工时不能盲目求快。振冲贯入速度一般为 1～2 m/min，上拔速度为 3～5 m/min；在下沉至底部时留振时间为 60 s，然后慢速上拔，每 50 cm 一段，留振时间为 20～30 s，至孔口时留振时间为 60 s。

5. 振冲遍数

适当的振冲遍数有利于砂层的挤密，振冲遍数以 3 遍为宜，其中，第一遍无需留振，直接从原地面振捣至设计深度，后两遍在振冲上拔过程中需进行分段留振。

5.1.2 注意事项

（1）施工方案设计前应充分搜集详细的岩土工程勘察资料、上部结构及基础设计资料，确定地基处理的目的和处理后要求达到的各项技术经济指标，了解施工场地的周边环境情况。

（3）无填料振冲法在初步设计阶段宜进行现场工艺试验，应在场地有代表性的区域进行相应的现场试验或试验性施工，并进行必要的测试，确定无填料振冲的可行性，确定施工的孔距、振密电流值、振冲水压力、振后砂层的物理力学指标等施工参数，并检验处理效果。

（3）施工方案总体上分为场地平整、设备组装、施工点布置、振冲施工、检测验收五个步骤，每一步骤都要根据现场施工情况以及施工规范灵活安排。为保证施工质量，施工时的电压、密实电流、留振时间等要符合要求；施工顺序沿平行直线逐点进行，在振杆上标明刻度，以便于控制每次的上拔、下沉距离，进行留振施工。

（4）由于浅层地基土土质及围压较小，表层 2～3 m 地基土振冲效果相对稍差，因此，无填料振冲完成后，需要进行场地排水，上部需要叠加小能量满夯施工，满夯两遍后利用振动压路机进行碾压密实，提高表层地基土的密实度以及承载力。

（5）在整个地基处理施工过程中应有专人负责质量控制和监测，并做好施工记录。施工结束后应按国家有关规定进行工程质量检验和验收。对振冲加固后地基的工后沉降、回弹模量、变形模量等参数进行检测，并对结果进行分析，判断是否达到设计要求。

5.2　振冲法加固地基施工指南

基于吹填珊瑚礁砂地基的特点，为了有效采用无填料振冲法加固吹填珊瑚礁砂地基，通过对试验研究成果的分析整理，结合前文给出的设计要点及注意事项，总结提出了以下配套的施工指南，为类似工程提供参考。

5.2.1　设备改造

由前面的试验可知，地基处理后交工面的地基承载力特征值的平均值应不小于 300 kPa，回弹模量应不小于 60 MPa，并且能够消除 10 m 范围内（即礁盘顶以上）砂性土的液化。

根据《建筑地基处理技术规范》（JGJ 79—2012）的规定，振冲器的功率增大，填料的最佳粒径范围也随之扩大，对于 30 kW 的振冲器，填料粒径宜在 20～80 mm 范围内；对于 55 kW 的振冲器，填料粒径宜在 30～100 mm 范围内；对于 75 kW 的振冲器，填料粒径宜在 40～150 mm 范围内。根据现场吹填层的特点，珊瑚碎屑的大粒径块体较多，有的最大尺寸可达 20～30 cm，而目前国内振冲器的最大功率为 90 kW，试验中振冲器的振动冲击力难以穿透珊瑚碎石的阻力。针对这一情况，专门研发了功率可达 180 kW 的振冲器，如图 5-1 所示。此振冲器的击振力可以从 90 kW 的 16 t 提高到 180 kW 的 28 t，成功解决了常规振冲器由于激振力不够而无法穿透珊瑚碎屑的缺陷。

岛礁的温湿度大、大功率振动器启动电流（5～7 倍额定电流）大、珊瑚碎屑颗粒大等特点会导致振动器工作时的留振电流大、时间长，易超过电机的漆包线耐压极限温度，从而导致振冲器电机被烧毁的情况。针对以上问题，在振冲器壁壳中设

图 5-1　180 kW 大功率振冲头

置高压循环水以冷却发电机，同时在发电机壳内设高温传感器，通过调频、感温等控制装置，对振冲电机实施监控，并通过电流调频降压等技术保证电机的正常使用，由此研发了潮湿环境下发电机的永磁自动补偿机，如图 5-2 所示。

图 5-2　永磁自动补偿机

5.2.2 点位布置

施工设备采用 180 kW 的振冲器，振冲点呈三角形布置，各点间间距为 3.5 m，振冲深度原则上要求达到珊瑚礁盘顶部，若实际礁盘层顶埋深超过 10 m，则振冲深度至 10 m 即可，如图 5-3 所示。在地基处理范围内，所采用的振冲施工参数相同，均可参照上述桩位布置示意图，实际施工时根据现场情况分区施工。

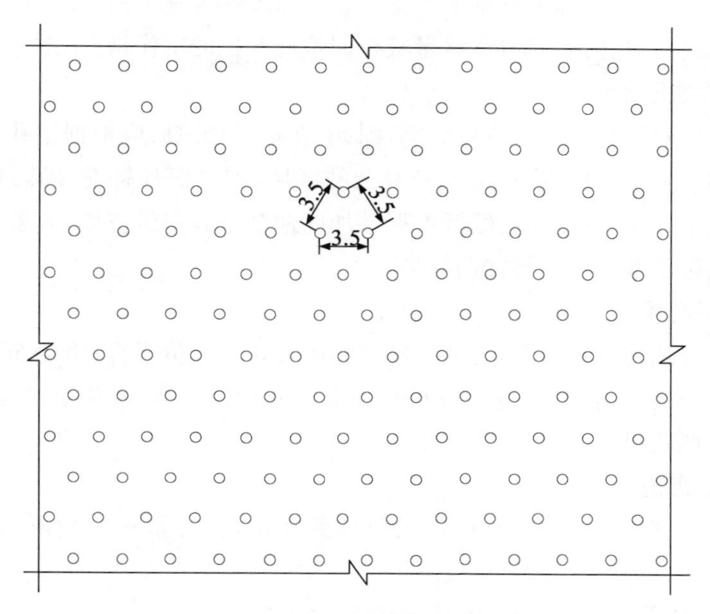

图 5-3　振冲点布置图(单位：m)

5.2.3　施工步骤

确定好振冲点之后，就可以按照具体的施工工艺流程进行施工作业，本书所采用的无填料振冲法加固吹填珊瑚礁砂地基的施工工艺流程如图 5-4 所示。

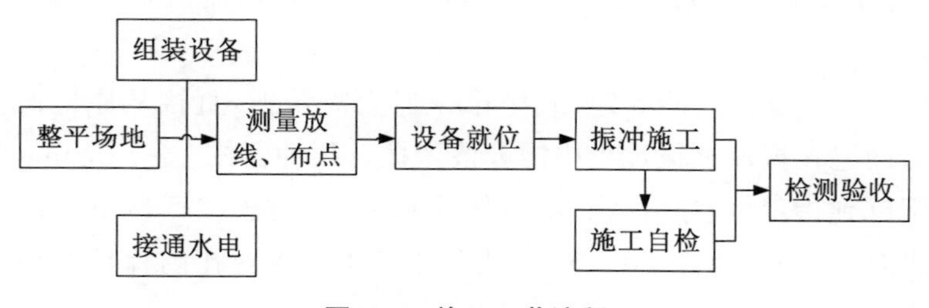

图 5-4　施工工艺流程

根据施工工艺流程，具体的施工操作内容如下。

1. 整平场地

吹填工艺难以控制，使得现场地基表面存在起伏，振冲范围内地面标高不一，因此，在施工前需先整平场地。考虑到振冲后地基表面会产生一定沉降，结合现场的实测数据，在设计标高的基础上预留一定的高度作为施工面，使得振冲施工完成后的地面标高在设计标高附近，尽量减少回填或开挖的工作量。

2. 探明地质条件

地质条件对振冲效果有直接影响，因此，在整平场地后应根据钻孔资料探明不同区域软弱土夹层的位置，在地质较复杂的区域，需要额外补充钻孔试验，充分掌握该区域地下土层条件，为后续开展振冲加固地基试验提供方便，此外还可提高振冲过程中的施工效率及最终加固效果。

3. 现场布置

合理布置场内运输道路，方便振冲过程中设备和人员通行；沿途布设振冲用水的蓄水池以及为汇流、聚集现场污水的排水盲沟和排污池，避免对环境造成影响；提前准备好照明设备，以便于夜间施工。

4. 点位布置

在清理整平施工场地后，用钢尺放样测孔位，孔位呈正三角形布置，间距为 3.5 m。

5. 振冲施工

步骤 1：施工前检查振冲器的性能以及电流表和电压表的准确度。

步骤 2：在施工机具就位后，将振冲器对准桩点。

步骤 3：打开水源和电源，检查水压、水量、电压、密实电流和振冲器的空载电流是否处于正常。

步骤 4：启动吊机，水压控制在 5～7 kg/cm^2，并观察振冲器电流变化，电流最大值不得超过振冲器的额定电流(360 A)，当超过额定电流值时，必须减慢振冲器下沉的速度。

步骤 5：每个点位振冲 3 遍，其中第一遍无需留振，直接从原地面振捣至设计深度，后两遍在振冲上拔过程中需分段留振。振冲器按 1～2 m/min 的速度下沉，直至下沉到指定位置并留振 60 s，然后将振冲器按 3～5 m/min 的速度匀速提升，每提升 0.5 m，留振 20～30 s，直至孔口(振冲器孔内保留 1 m)，并留振 60 s。

步骤 6：待一组振冲施工完成后，立即关机、关水并进行移机定位操作，移机至下一点位，按照步骤 1～步骤 5 继续施工，直至完成全部施工。

6. 上部处理

振冲施工完成后，需要对地基上部进行小能量满夯施工，满夯两遍后利用振动压路机进行碾压密实。

图 5-5 所示为“搅冲振”叠加施工工艺。

图 5-5　“搅冲振”叠加施工工艺

5.2.4　注意事项

（1）在施工前观察现场情况，若水位较低、吹填砂比较干，则可在开始振冲前的 3～5 h，对将要施工的区域进行灌水处理，不仅能破坏表层砂的化学胶结作用，还可使上部干燥的砂土吸水饱和，提高浅层土体的振冲效果。此外，因本场地采用的振冲器功率较大，现场大部分粒径较大的块石不会影响施工，但对于超大的块石，施工之前要先将其翻开，否则会影响振冲器下沉施工。

（2）在施工时，操作人员必须严格按设计要求的桩位与桩长对桩位偏差、桩身长度进行施工控制。为保证振冲地基实现“共振”，两台振冲器在两点振冲施工过程中的下沉、上拔施工需保持同步。

（3）应有专人负责记录施工过程中的密实电流、振冲深度等参数，并进行质量控制和监测。施工结束后应按国家有关规定进行工程质量检验和验收，检验其是否达到设计要求。

5.2.5 检测结果分析

对珊瑚碎屑地基加固处理后进行检测可以发现，各项指标均满足设计要求，如表 5-1～表 5-3 所示。

表 5-1 珊瑚碎屑地基加固处理后的检测结果

项目	土面区检测结果	道槽及影响区检测结果
工后沉降	目前正在布置观测点	
承载力特征值(1 m^2)	交工面承载力特征值≥400 kPa	交工面承载力特征值≥400 kPa
回弹模量(弯沉仪)	89～131，≥65 MPa	102～135，≥70 MPa
变形模量(1m^2)	99～197，≥15 MPa	90～770，≥25 MPa
填筑体表层细粒土压实度	93～97，≥90%(重型压实标准)	96～101，≥95%(重型压实标准)
标准贯入锤击数	24～39 击，≥N_{cr}(液化判别标准贯入锤击数临界值)	24～35 击，≥N_{cr}(液化判别标贯入锤击数临界值)
地基系数 K_{30}	62～150 MPa/m	97～226 MPa/m
动力触探，加固前 7～9 击	10～28 击	17～27 击

表 5-2 试验区处理前后平板载荷试验检测结果

序号	检测位置	测点号	检测点标高/m	施工日期	检测日期	承载力设计值/kPa	总沉降量/mm	承载力特征值/kPa	检测结论
1	试验区(处理前)	CZL-1	4.488	—	2014/11/15	400	9.61	≥400	—
2	试验区(处理前)	CZL-2	4.736	—	2014/11/17	400	17.14	≥400	—
3	试验区(处理前)	CZL-3	4.643	—	2014/11/20	400	69.50	120	—
4	试验区 1 区(处理后)	CZL-1	4.211	2014/11/20	2014/12/09	400	3.69	≥400	满足设计要求
5	试验区 1 区(处理后)	CZL-2	4.174	2014/11/20	2014/12/10	400	5.02	≥400	满足设计要求
6	试验区 1 区(处理后)	CZL-3	4.159	2014/11/20	2014/12/11	400	4.46	≥400	满足设计要求

（续表）

序号	检测位置	测点号	检测点标高/m	施工日期	检测日期	承载力设计值/kPa	总沉降量/mm	承载力特征值/kPa	检测结论
7	试验区2区（处理后）	CZL-1	4.189	2014/11/20	2014/12/05	400	4.06	≥400	满足设计要求
8	试验区2区（处理后）	CZL-2	4.21	2014/11/20	2014/12/06	400	4.58	≥400	满足设计要求
9	试验区2区（处理后）	CZL-3	4.172	2014/11/20	2014/12/07	400	6.52	≥400	满足设计要求
10	试验区3区（处理后）	CZL-1	4.162	2014/11/20	2014/11/28	400	5.35	≥400	满足设计要求
11	试验区3区（处理后）	CZL-2	4.107	2014/11/20	2014/12/01	400	5.34	≥400	满足设计要求
12	试验区3区（处理后）	CZL-3	4.214	2014/11/20	2014/12/04	430	2.46	≥430	满足设计要求
13	试验区4区（处理后）	CZL-1	3.747	2014/11/23	2014/11/24	400	4.48	≥400	满足设计要求
14	试验区4区（处理后）	CZL-2	3.672	2014/11/23	2014/11/27	450	6.15	≥450	满足设计要求
15	试验区4区（处理后）	CZL-3	3.68	2014/11/23	2014/11/29	400	5.19	≥400	满足设计要求

表5-3　试验区地基处理前后变形模量试验检测结果

序号	检测位置	测点号	检测点标高/m	施工日期	检测日期	变形模量设计值/MPa	变形模量检测值/MPa	检测结论
1	试验区（处理前）	BXML-1	4.488	—	2014/11/15	—	217	—
2	试验区（处理前）	BXML-2	4.736	—	2014/11/17	—	75	—
3	试验区（处理前）	BXML-3	4.643	—	2014/11/20	—	30	—
4	试验区1区（处理后）	BXML-1	4.211	2014/11/20	2014/12/09	25	129	满足设计要求

（续表）

序号	检测位置	测点号	检测点标高/m	施工日期	检测日期	变形模量设计值/MPa	变形模量检测值/MPa	检测结论
5	试验区1区（处理后）	BXML-2	4.174	2014/11/20	2014/12/10	25	112	满足设计要求
6	试验区1区（处理后）	BXML-3	4.159	2014/11/20	2014/12/11	25	167	满足设计要求
7	试验区2区（处理后）	BXML-1	4.189	2014/11/20	2014/12/05	25	197	满足设计要求
8	试验区2区（处理后）	BXML-2	4.21	2014/11/20	2014/12/06	25	115	满足设计要求
9	试验区2区（处理后）	BXML-3	4.172	2014/11/20	2014/12/07	25	99	满足设计要求
10	试验区3区（处理后）	BXML-1	4.162	2014/11/20	2014/11/28	25	102	满足设计要求
11	试验区3区（处理后）	BXML-2	4.107	2014/11/20	2014/12/01	25	90	满足设计要求
12	试验区3区（处理后）	BXML-3	4.214	2014/11/20	2014/12/04	25	770	满足设计要求
13	试验区4区（处理后）	BXML-1	3.747	2014/11/23	2014/11/24	25	307	满足设计要求
14	试验区4区（处理后）	BXML-2	3.672	2014/11/23	2014/11/27	25	725	满足设计要求
15	试验区4区（处理后）	BXML-3	3.68	2014/11/23	2014/11/29	25	155	满足设计要求

5.2.6 岛礁建筑物稳定性监测

经吹填、振冲、冲击、碾压等一系列施工工序形成吹填土地基，其后在这种人工岛地基上修建的建筑物大小和高差各有不同。这些建筑物都坐落在吹填钙质土地基上。然而，针对吹填钙质土地基工程力学特性随时间的变化规律、在波浪及暴雨冲刷等条件下的变化特征目前尚未有研究。为了研究岛礁大型建筑物在竣工后的很长一段时间内在空间上和时间上的沉降、倾斜等安全状态，对建筑物的沉降进行跟踪监测是很有必要的，具体内容包括监控高层建筑物及地基的沉降量、沉降差及沉降速度，并计算倾斜度、局部倾斜等。对重点建筑物发生沉降的趋势进行安全监控，尤其是对沉降、倾斜十分敏感的建筑物提前发出预警并制订补救方案，提前采取工程措施，以保障各项设施的安全、正常运行。

同时，本项工作也为岛礁工程建设总结了宝贵经验，积累了珍贵的实测沉降资料，为今后的岛礁工程建设提供重要参考和科学依据。据此而言，这项工作的重要性是不言而喻的，且应在岛礁建筑竣工后及时开展。

1. 采用的规范

(1)《建筑变形测量规范》(JGJ 8—2016)。

(2)《国家一、二等水准测量规范》(GB/T 12897—2006)。

(3)《工程测量标准》(GB 50026—2020)。

2. 监测范围

对本岛的各类重要建筑在使用期的沉降进行安全监测，监测范围包括单体厂房、高层建筑、灯光站、宿舍和信号铁塔等重要建筑。每个建筑物布置了至少4个沉降观测点，主要观测建筑物的沉降量，并计算建筑物的沉降差及沉降速度。

3. 监测方案

1) 基准点布设

在实施建筑物沉降观测之前，需要在测区范围内、建筑物附近埋设沉降观测基准点。《建筑变形测量规范》规定：在建筑区内，基准点的点位与邻近建筑物的距离应大于建筑物基础最大宽度的2倍，基准点埋设深度应大于建筑物基础的深度，且深入基岩的深度应不小于2.0 m。

沉降观测水准基点(或称水准点)在一般情况下可以利用工程标高定位时使用的水准点作为沉降观测水准点。如水准点与观测点的距离过大，为保证观测的精度，应在建筑物或构造物附近，另行埋设水准点。

建(构)筑物沉降观测的每一区域，必须有足够数量的水准点，应符合《工程测量标准》的规定并不得少于3个。水准点应考虑永久使用，埋设坚固(不应埋设在道路、仓库、河岸、新填土、将建设或堆料的地方以及受震动影响的范围内)，与被观测的建(构)筑物的距离为30～50 m，水准点帽头宜用铜或不锈钢制成，如用普通钢代替，应注意防锈。

本课题观测的建筑物较分散，基准点一般选择邻近建筑物的地下室通风口的螺钉。由于地下室的底部都坐落在老礁坪上，且这些地下室已经竣工一年以上，可认为是沉降不动点，作为基准点使用。

2）观测点布设

按照《建筑变形测量规范》的要求，沉降观测点的布设应能全面反映建筑物及地基变形特征，并顾及地质情况及建筑结构特点。点位宜选设在下列位置：

（1）建筑物的四角、大转角处及沿外墙每 10～15 m 处或每隔 2～3 根柱基上。

（2）高低层建筑物、纵横墙等交接处的两侧。

（3）建筑物沉降缝两侧、基础埋深相差悬殊处、不同结构的分界处及填挖方分界处。

（4）框架结构建筑物的部分柱基上或纵横轴线上。

（5）片筏基础、箱形基础底板或接近基础结构部分的四角处及其中部位置。

（6）重型设备基础和动力设置基础的四角、基础型式或埋深改变处以及地质条件变化处两侧。

（7）电视塔、烟囱、水塔、油罐、炼油塔、高炉等高耸建筑物，沿周边在与基础轴线相交的对称位置上布点，点数不少于 4 个。

沉降观测的标志采用墙（柱）标志、基础标志和隐蔽式标志等形式。各类标志的立尺部位应加工成半球形或有明显的凸出点，并涂上防腐剂。标志的埋设位置应避开如雨水管、窗台线、暖气片、暖水管、电气开关等有碍设标与观测的障碍物，并应视立尺需要离开墙（柱）面和地面一定距离。当应用静力水准测量方法进行沉降观测时，观测标志的型式及其埋设应根据采用的静力水准仪的型号、结构、读数方式以及现场条件确定。标志的规格尺寸设计，应符合仪器安置的要求。

4. 监测时间及频率

按照《建筑工程测量规范》要求，本项目建筑物沉降监测频率按照每 7～10 d 观测 1 次，直至建筑物沉降稳定。

5. 监测成果分析

根据各建筑物沉降监测数据整理计算得到沉降速率、累计沉降量和平均沉降速率。

信号铁塔坐落于港池边上，基础型式为整板筏基，铁塔四脚与基础相连，监测点为铁塔四脚上的锚固铁钉，同样以马路一侧的防空洞铁钉为基准点，监测结果如图 5-6 所示。

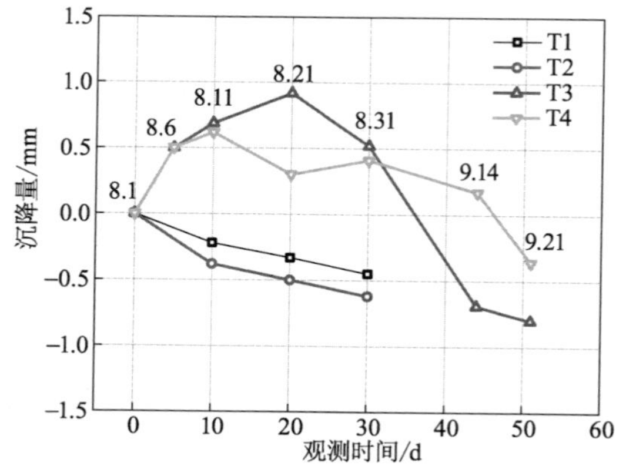

图 5-6　信号铁塔沉降监测图（2016.8.1—2016.9.21）

高层建筑基础为墙下筏板基础，半径 12.9 m，厚 1.1 m，其四周布置有位置固定的沉降观测点，以防波堤上的锚固铁钉为基准点，监测结果如图 5-7 所示。

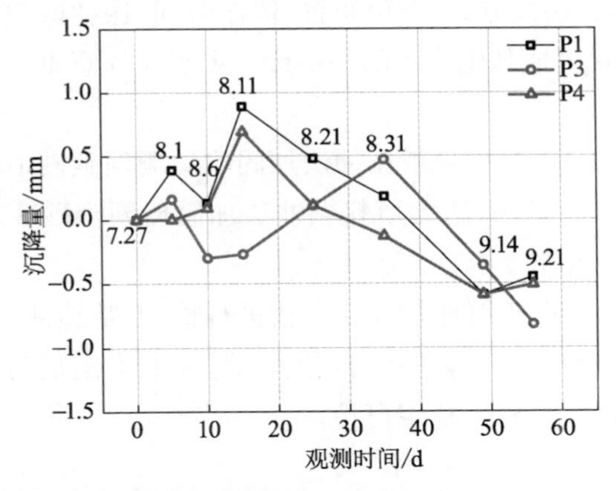

图 5-7　高层建筑沉降监测图(2016.7.27—2016.9.21)

6. 初步结论

本次沉降观测所选取的建筑物是全岛建筑物中高度最高、荷载较大的建筑。通过竣工后 3 个月的连续观测发现，建筑物的沉降量均不大于 1 mm，沉降速率均在 0.01 mm/d 附近波动，最大为 0.05 mm/d，表明施工完成后，建筑物的沉降已经较为稳定，以后可适当降低监测频率，调整为每月监测一次即可，直至建筑物沉降完全稳定为止。

5.3　本章小结

本章从无填料振冲法的应用范围及工艺特点的角度，对无填料振冲法加固珊瑚礁砂吹填地基的适用性进行了研究，并根据具体情况，对施工参数进行优化，给出了无填料两点振冲法加固珊瑚礁砂吹填地基的设计要点及注意事项，对无填料振冲法在此类工程中的应用及技术推广具有指导作用，具体结论如下：

(1) 传统振冲工艺多为单点振动，对细颗粒土处理效果不佳，而采用多点共振(或胁迫)振冲法可以克服粉细砂不易塌孔的难题。针对珊瑚礁盘起伏大，吹填后的珊瑚礁砂厚度分布不均匀等特点，首次将两点振冲法应用于远海珊瑚碎屑地基加固。

(2) 针对珊瑚礁砂碎屑大粒径颗粒含量高的特点，从实际施工角度发明了大功率两点振冲成套施工装备和施工机具，振动功率由规范规定的130 kW突破至180 kW，形成了完整的施工技术和方法，可以直接应用于珊瑚碎屑地基的加固。

（3）从施工对象、振冲方式、点位布置、留振时间、振冲遍数等方面对无填料振冲法加固珊瑚礁砂吹填地基施工中的一些设计要点及注意事项进行了系统的概括说明。

（4）从实际施工角度对无填料振冲法加固吹填珊瑚礁砂地基的施工流程以及施工步骤进行了详细的说明，给无填料振冲法加固珊瑚礁砂吹填地基的工程应用及技术推广提供技术指导。

（5）对加固后的珊瑚碎屑地基各项参数进行检测，从检测结果可知，吹填珊瑚礁砂地基经过振冲挤密处理后，地基密实度较高，承载力满足岛礁各类建筑物的要求，建筑物的工后沉降量极小，稳定可控。

第6章　结论与展望

6.1　研究总结

为实现节能、经济、环保的工程造陆，本书开展了吹填珊瑚礁砂矿物成分、基本物理力学特性及工程性质试验研究，并分析了其用作地基吹填料的可行性；采用强夯法和两点振冲法对珊瑚礁砂地基加固处理进行了试验研究，测试了地基沉降、承载比、回弹模量和反应模量，同时进行了浅层平板载荷试验和标准贯入试验，证实了两点振冲法对珊瑚礁砂地基土的处理效果优于强夯法；通过数值计算方法分别揭示了强夯法和无填料振冲法的加固机理；最后总结提出了无填料振冲法加固吹填珊瑚礁砂地基的设计施工指南，为珊瑚礁海域类似工程提供参考借鉴。所得主要研究成果和结论如下：

（1）对吹填岛礁珊瑚礁砂进行了物理特性试验，发现珊瑚礁砂具有颗粒形状不规则、易破碎和高孔隙比的特点。通过一维压缩试验发现，珊瑚礁砂试样的总应变量与颗粒破碎率之间呈现良好的幂函数关系，说明颗粒破碎是造成珊瑚礁砂高压缩性的主要因素。通过单调三轴剪切试验发现，自级配珊瑚礁砂的峰值应力比、剪胀角及峰值摩擦角均会随着固结围压的增大而减小；颗粒破碎程度会随着相对密实度、固结围压的增大而增大；颗粒破碎率存在明显的围压阈值，在小于该阈值条件下，珊瑚礁砂颗粒不会发生明显破碎，但当大于该阈值后，颗粒破碎率会随着固结围压的增大呈线性增长。

（2）采用强夯法和两点无填料振冲法加固时，表层 3 m 范围内的土层标准贯入锤击数均有较大幅度提高。在地表以下 3～6 m，强夯区提高幅度有明显下降，在 6 m 以下，能量衰减快，深层处理效果差；而振冲法沿着深度方向加固效果没有衰减，均匀性更好。两点无填料振冲法可以根据施工参数变化情况实时感知礁盘位置，调整处理深度，对礁盘破坏小，能更好地适应珊瑚礁砂土下卧多孔礁盘的起伏变化和生态保护要求。

（3）运用 PFC 2D 程序对强夯法进行建模分析，考察了不同强夯能量下

(800 kJ,1 500 kJ,2 000 kJ)珊瑚礁砂地基颗粒破碎过程。研究表明,随着强夯能级增大,夯坑出现坍塌,部分颗粒出现飞起现象;随着夯击能量增大,破碎带逐渐向夯坑两侧发展,夯击能与破碎带的广度和深度呈正相关。

(4) 采用有限元方法有效模拟了两点无填料振冲加固机理,分析结果显示,振冲器做水平振动时对周围土体有着不同程度的加固效果,且距离振源越近,加固效果越好。

(5) 针对珊瑚礁盘起伏大、吹填后的珊瑚礁砂厚度分布不均匀等特点,本书首次将两点振冲法应用于吹填岛礁珊瑚礁砂地基加固。针对珊瑚礁砂大粒径颗粒含量高的特点,发明了大功率两点振冲成套施工装备和施工机具,振动功率由规范规定的 130 kW 突破至 180 kW,形成了完整的施工技术和方法。从监测结果来看,经两点无填料振冲处理后,地基密实度较高,承载力满足岛礁各类建筑物的要求,建筑物的工后沉降量极小,稳定可控。

6.2 存在的问题以及建议

在本书研究工作开展的过程中,笔者认为内容方面尚存在一些问题需要深入探讨和完善,主要包含以下两个方面:

(1) 两点振冲法振冲过程中常常伴随着高压水冲,这样不仅有助于振冲器贯入土层,还会扩大挤密区,但本书数值分析计算中只考虑了水平向振冲力,没有将高压水动力考虑在内。

(2) 在振冲机理的数值分析过程中,忽略了珊瑚礁砂的破碎性,在两点振冲法加固珊瑚礁砂地基过程中,由于珊瑚礁砂具有易碎的特点,当振冲功率很大时,颗粒破碎需要考虑。

参考文献

[1] 秦志光,袁晓铭,曹振中,等.吹填珊瑚礁砂地基处理方法适用性与加固效果应用研究[J].自然灾害报,2021,30(1):78-88.

[2] 曾昭礼. 振冲地基在我国的应用于发展[J]. 地基处理，2000，10(2)：112-128.

[3] 徐岩. 用振冲法加固特殊地基[J]. 港工技术，2002(6)：50-51.

[4] Fookes P G. The geology of carbonate soils and rock and their engineering characteristics and description[C]//Engineering for Calcareous Sediments, Balkema: Rotterdam, 1988: 787-786.

[5] Folk R L. Practical petrographic classification of limestones[M]. Bull: Ass Petrol, 1959.

[6] Dunham R. Classification of carbonate rocks according to depositional texture in classification of carbonate rocks[J]. Bull: Ass Petrol, 1962: 108-121.

[7] Clark A R, Walker B F. A proposed scheme for the classification and nomenclature for use in the engineering description of Middle Eastern sedimentary rocks[J]. Geotechnique, 1977(27): 33-99.

[8] Fookes P G, Higginbottom I E. The classification and description of nearshore carbonate sediments for engineering purpose[J]. Geotechnique, 1975,25(2): 406-411.

[9] Price G P. Fabric of calcareous sediments at North Rankin "A", Northwest shelf[J]. Engineering for Calcareous Sediments, 1988: 781-786.

[10] Bryant W R, Deflache A P, Trabant P K. Consolidation of marine clays and carbonates [M]. Inderbitzen Plenum Press, 1974: 209-244.

[11] Demars K R, Nacci V A, Kelly W E. Carbonate content: An index property for ocean sedimentd[C]//Proceedings of the 8th OTC Conference. Houston, 1976: 197-106.

[12] Datta M, Gullhati S K, Rao G V. Crushing of calcareous sands during shear[C]// Proceedings of the 11th OTC Conference. Houston, 1979: 459-1467.

[13] Allman M A, Poulos H G. Stress-strain behaviour of an artificially cemented calcareous soil[C]//Engineering for Calcareous Sediments. Netherlands: Balkema, 1988: 51-60.

[14] Golightly C R, Hyde A F L. Some fundamental properties of carbonate sands[C]// Engineering for Calcareous Sediments. Netherlands: A. A. Balkema, 1988: 69-78.

[15] Hull T S, Poulos H G, Aleho H. The static behaviour of various calcareous sediments [C]//Jewell Khorshid, eds. Engineering for Calcareous Sediments. Rotterdam: Balkma, 1988: 87-96.

[16] Herrmann H G, Houston W N. Behaviours of seafloor soils subjected to cyclic loading [C]//Proceedings of the 10th OTC Conference. Houston: Paper PTC3260, 1978: 1797-1808.

[17] Olsen W H. An investigation into the near surface structure of coral reefs using dynamic penetration techniques[M]. Townsvills: James Cook University, 1980.

[18] Bock H, Everer J R, Mckean S B. Instrumented rotary drilling and heavy dynamic probing as predictive tools for the construction performance of piles in coralline material [C]//Jewell Khorshid, eds. Engineering for Calcareous Sediments. Rotterdam: Balkema, 1988: 147-154.
[19] Fahey M. The response of calcareous soil in static and cyclic triaxial tests[C]//Jewell Khorshid, eds. Engineering for Calcareous Sediments. Rotterdam: Balkema, 1988: 61-68.
[20] Murff J D. Pile capacity in calcareous sands: state of the art[J]. Journal of Geotechnical Engineering Division, 1987, 113(5): 490-507.
[21] Poulos H G, Vesugi M, Young G S. Strength and deformation properties of bass strait carbonate sands[J]. Geothermal Engineering, 1982, 13(2): 189-211.
[22] Takashi T, Masaki K. Engineering properties of coral soils in Japanese south western islands[C]//Jewell Khorshid, eds. Engineering for Calcareous Sediments. Roterdam: Balkema, 1988: 137-144.
[23] Coop M R. The mechanics of uncemented carbonate sands[J]. Geotechnique, 1990, 40 (4): 607-626.
[24] 张家铭. 钙质砂基本力学性质及颗粒破碎影响研究[D]. 武汉:中国科学院研究生院(武汉岩土力学研究所), 2004.
[25] 秦月, 姚婷, 汪稔, 等. 基于颗粒破碎的钙质沉积物高压固结变形分析[J]. 岩土力学, 2014, 35(11): 3123-3128.
[26] 王刚, 叶沁果, 查京京. 珊瑚礁砂砾料力学行为与颗粒破碎的试验研究[J]. 岩土工程学报, 2018, 40(5): 802-810.
[27] 沈扬, 沈雪, 俞演名, 等. 粒组含量对钙质砂压缩变形特性影响的宏细观研究[J]. 岩土力学, 2019, 40(10): 3733-3740.
[28] 李彦彬, 李飒, 刘小龙, 等. 颗粒破碎对钙质砂压缩特性影响的试验研究[J]. 工程地质学报, 2020, 28(2): 352-359.
[29] 吕亚茹, 李治中, 李浪. 高应力状态下钙质砂的一维压缩特性及试验影响因素分析[J]. 岩石力学与工程学报, 2019, 38(S1): 3142-3150.
[30] 马启锋, 刘汉龙, 肖杨, 等. 高应力作用下钙质砂压缩及颗粒破碎特性试验研究[J]. 防灾减灾工程学报, 2018, 38(6): 1020-1025.
[31] Fahey M, Airey D W. Cyclic response of calcareous soil from the northwest shelf of Australia[J]. Géotechnique, 1991, 41(1): 101-122.
[32] 吴京平, 褚瑶, 楼志刚. 颗粒破碎对钙质砂变形及强度特性的影响[J]. 岩土工程学报, 1997(5): 51-57.
[33] 刘崇权, 汪稔. 钙质砂物理力学性质初探[J]. 岩土力学, 1998(1): 32-37, 44.
[34] 张家铭, 张凌, 蒋国盛, 等. 剪切作用下钙质砂颗粒破碎试验研究[J]. 岩土力学, 2008 (10): 2789-2793.
[35] 胡波. 三轴条件下钙质砂颗粒破碎力学性质与本构模型研究[D]. 武汉:中国科学院研究生院(武汉岩土力学研究所), 2008.
[36] 闫超萍, 龙志林, 周益春, 等. 钙质砂剪切特性的围压效应和粒径效应研究[J]. 岩土力学, 2020, 41(2): 581-591, 634.
[37] 柴维, 龙志林, 旷杜敏, 等. 直剪剪切速率对钙质砂强度及变形特征的影响[J]. 岩土力

学，2019，40(S1)：359-366.
[38] Coop M R，Sorensen K K，Freitas T B，et al. Particle breakage during shearing of a carbonate sand[J]. Geotechnique，2004，54(3)：157-163.
[39] Miao G，Airey D. Breakage and ultimate states for a carbonate sand[J]. Geotechnique，2013，63(14)：1221-1229.
[40] Shahnazari H，Rezvani R. Effective parameters for the particle breakage of calcareous sands：An experimental study[J]. Engineering Geology，2013，159(12)：98-105.
[41] Xiao Y，Liu H，Chen Q，et al. Particle breakage and deformation of carbonate sands with wide range of densities during compression loading process[J]. Acta Geotechnica，2017.
[42] Yu F W. Particle breakage in triaxial shear of a coral sand[J]. Soils and Foundations，Tokyo，2018(58)：866-880.
[43] 查京京. 循环三轴应力路径下钙质砂颗粒破碎演化规律研究[D]. 重庆：重庆大学，2019.
[44] Donohue S，O'Sullivan C，Long M. Particle breakage during cyclic triaxial loading of a carbonate sand[J]. Géotechnique，2009，59(5)：477-482.
[45] Wang G，Zha J. Particle breakage evolution during cyclic triaxial shearing of a carbonate sand[J]. Soil Dynamics and Earthquake Engineering，2020，138：106326.
[46] 王刚，查京京，魏星. 循环三轴应力路径下钙质砂颗粒破碎演化规律[J]. 岩土工程学报，2019，41(4)：755-760.
[47] Qadimi A，Coop M R. The undrained cyclic behaviour of a carbonate sand[J]. Géotechnique，2007，57(9)：739-750.
[48] Lee K L，Farhoomand I. Compressibility and crushing of granular soil in anisotropic triaxial compression[J]. Canadian Geotechnical Journal，1967，4(1)：68-86.
[49] Lade P V，Yamamuro J A，Bopp P A. Significance of particle crushing in granular materials[J]. Journal of Geotechnical Engineering，1996，122(4)：309-316.
[50] 柏树田，崔亦昊. 堆石的力学性质[J]. 水力发电学报，1997 (3)：21-30.
[51] Pierre Y H. Influence de la granulométrie et de son évolution par ruptures de grains sur le comportement mécanique de matériaux granulaires[J]. Revue Franaise de Génie Civil，1997.
[52] Marsal R J. Large scale testing of rockfill materials[J]. Journal of the Soil Mechanics & Foundations Division，1900(94)：1042-1047.
[53] Nakata Y，Hyde A，Hyodo M，et al. A probabilistic approach to sand particle crushing in the triaxial test[J]. Geotechnique，2001，49(5)：567-583.
[54] Hardin B O. Crushing of soil particles[J]. Journal of Geotechnical Engineering，1985，111(10)：1177-1192.
[55] Einav I. Breakage mechanics — Part I：Theory[J]. Journal of the Mechanics and Physics of Solids，2007.
[56] Wood D M，Maeda K. Changing grading of soil：effect on critical states[J]. Acta Geotechnica，2007，3(1)：3-14.
[57] Roscoe K H，Schofield A N，Wroth C P. On the yielding of soils[J]. Geotechnique，1958，8(1)：22-53.
[58] Ishihara K，Engineer F T，Student S Y. Undrained deformation and liquefaction of sand

under cyclic stresses-science direct[J]. Soils and Foundations, 1975, 15(1): 29-44.
[59] Luzzani L, Coop M R. On the relationship between particle breakage and the critical state of sands[J]. Journal of the Japanese Geotechnical Society, 2008, 42(2): 71-82.
[60] Dasari G R, Ni Q, Tan T S, et al. Contribution of fines to the compressive strength of mixed soils[J]. Géotechnique, 2004, 54(9): 561-569.
[61] Fourie A B, Papageorgiou G. Defining an appropriate steady state line for Merriespruit gold tailings[J]. Canadian Geotechnical Journal, 2001, 38(4): 695-706.
[62] Thevanayagam S, Shenthan T, Mohan S, et al. Undrained fragility of clean sands, silty sands, and sandy silts[J]. Journal of Geotechnical & Geoenvironmental Engineering, 2002, 128(10): 849-859.
[63] Murthy T G, DLoukidis, Carraro J, et al. Undrained monotonic response of clean and silty sands[J]. Géotechnique, 2007, 57(3): 273-288.
[64] Carrera A, Coop M R,Lancellotta R. Influence of grading on the mechanical behaviour of stava tailings[J]. Géotechnique, 2011, 61(11): 935-946.
[65] Bandini V, Coop M R. The influence of particle breakage on the location of the critical state line of sands[J]. Soils and Foundations, 2011, 51(4): 591-600.
[66] Xiao Y, Liu H, Ding X, et al. Influence of particle breakage on critical state line of rockfill material[J]. International Journal of Geomechanics, 2016, 16(1): 4015031.
[67] Kikumoto M, Wood D M, Russell A. Particle crushing and deformation behavior[J]. Soils and Foundations, 2010, 50(4):547-563.
[68] 丁树云，蔡正银，凌华. 堆石料的强度与变形特性及临界状态研究[J]. 岩土工程学报，2010, 32(2): 248-252.
[69] 刘恩龙，陈生水，李国英，等. 堆石料的临界状态与考虑颗粒破碎的本构模型[J]. 岩土力学，2011, 32(S2): 148-154.
[70] 蔡正银，侯贺营，张晋勋，等. 考虑颗粒破碎影响的珊瑚礁砂临界状态与本构模型研究[J]. 岩土工程学报，2019, 41(6): 989-995.
[71] 年廷凯，李鸿江，杨庆，等. 不同土质条件下高能级强夯加固效果测试与对比分析[J]. 岩土工程学报，2009,31(1):139-144.
[72] 俞炯奇，王文双，吴雄伟. 某软土路基低能量强夯处理试验研究[J]. 岩土工程学报，2011，33(S1):234-236.
[73] 苏亮，时伟，水伟厚，等. 高能级强夯法处理深厚吹填砂土地基现场试验[J]. 吉林大学学报(地球科学版)，2021,51(5):1560-1569.
[74] 梁永辉，王卫东，冯世进，等. 高填方机场湿陷性粉土地基处理现场试验研究[J]. 岩土工程学报，2022,44(6): 1027-1035.
[75] 王家磊，韩进宝，马新岩，等. 高能级强夯加固深厚杂填土地基现场试验研究[J]. 地下空间与工程学报，2021,17(4):1154-1163, 1189.
[76] 宋修广，周志东，杨阳，等. 强夯法加固无黏性土路基的现场试验与数值分析[J]. 公路交通科技，2014,31(3):1-6, 37.
[77] 刘洋，张铎，闫鸿翔. 吹填土强夯加排水地基处理的数值分析与应用[J]. 岩土力学，2013，34(5):1478-1486.
[78] 刘智，陈仕文，唐昌意，等. 软土地区强夯石渣桩地基的有限元分析[J]. 公路工程，2020，

45(6):44-51.
[79] 马宗源,徐清清,党发宁. 碎石土地基动力夯实的颗粒流离散元数值分析[J]. 工程力学,2013,30(S1):184-190.
[80] 贾敏才,吴邵海,叶建忠. 基于三维离散元法的强夯动力响应研究[J]. 湖南大学学报(自然科学版),2015,42(3):70-76.
[81] D'Appolonia E. Loose sand-their compaction by vibroflotation[J]. Special Technical Publication,1953(156):138-154.
[82] D'Appolonia E,Miller L E Jr,Ware T M. Sand compaction by vibroflotation[J]. ASCE,1953,100(4):1-23.
[83] Brown R E. Vibroflotation compaction of cohesionless soils[J]. Journal of the Geotechnical Division,ASCE, 1977,103(12):1437-1451.
[84] Metzger G V,Koenrer R M. Modeling of soil densification by vibroflotation [J]. Journal of the Geotechnical Division, ASCE, 1975,101(5):417-421.
[85] 王盛源. 振冲法加固松软地基[J]. 岩土工程学报,1986,8(5):39-49.
[86] 黄茂松,吴世明. 振冲加固饱和粉细砂地基的动孔压测试与分析[J]. 浙江大学学报,1991,25(6):651-657.
[87] 叶书麟. 地基处理工程实例应用手册[M]. 北京:中国建筑工业出版社,1998.
[88] Slocombe B C, Bell A L, Baez H U. The densification of granular soils using vibro methods[J]. Geotechnique, 2000, 50(6): 715-725.
[89] Webb D L, Hall R I. Effects of vibroflotation on clayey sands[J]. Journal of the Soil Mechanics and Foundations Division, ASCE, 1969, 95(SM6): 1365-1378.
[90] Harder L F, Hammond W D, Ross P S. Vibroflotation compaction at Thermalito Afterbay [J]. Journal of Geotechnical Engineering, 1984, 110(1): 57-71.
[91] Saito A. Characteristics of penetration resistance of a reclaimed sandy deposit and their change through vibratory compaction[J]. Soils and Foundations, 1977, 17(4): 31-43.
[92] Barksdale R D, Bachus R C. Design and construction of stone columns[R]. National Technical Information Service, Springfield, Virginia, 1983.
[93] Chang P W,Chae Y S. A parametric study of effect of vibration on granular soils[M]//Development in Geotechnical Engineering 42: Soil Mechanics and Liquefaction, Amsterdam: Elsevier Computational Mechanics Publications, 1987: 137-151.
[94]《地基处理手册》编写委员会. 地基处理手册[M]. 2 版. 北京:中国建筑工业出版社, 2000.
[95] Greenwood D A, Kirsch K. Specialist ground treatment by vibratory and dynamic methods [C]//State-of-the-art Piling and Ground Treatment for Foundations, London: Thomas Telford, 1983: 17-45.
[96] 李君纯, 郦能惠, 朱家谟,等. 振冲法加固砂壳坝试验研究[J]. 岩土工程学报,1982,4(4): 1-16.
[97] 郑建国. 振动挤密桩桩距对振密变形的影响[J]. 岩土工程学报, 1992, 14(增刊): 94-99.
[98] 周健,胡寅,林晓斌,等. 粉细砂的室内无填料振冲试验研究[J]. 岩土力学, 2003, 24(5): 790-794.
[99] 周健, 贾敏才, 池永. 无填料振冲法加固粉细砂地基试验研究及应用研究[J]. 岩石力学与工程学报, 2003, 22(8): 1350-1355.

[100] 周健，姚浩，贾敏才．大面积软弱地基浅层处理技术研究[J]．岩土力学，2005，26(10)：1685-1688.
[101] 周国钧．岩土工程治理新技术[M]．北京:中国建筑工业出版社,2010.
[102] 牟宏彬，章奕峰，杨小宝，等．振冲法在加固粉细砂地基中的应用[J]．浙江建筑，2006，23(10)：33-35.
[103] 周健，王冠英，贾敏才．无填料振冲法的现状及最新技术进展[J]．岩土力学，2008，22(1)：37-42.
[104] 叶观宝，苌红涛，徐超，等．无填料振冲法在液化粉细砂中的应用研究[J]．岩土工程学报，2009,31(6):917-921.
[105] 楼永高．25 m 深层振冲挤密砂基加固跑道地基的施工与试验[J]．水运工程，1995(9):32-37.
[106] 邱大进，杨喜军，李大勇．新沙港码头格形钢板墩回填砂振冲加密[J]．水利水电技术，1995(6):43-44.
[107] 张剑峰，陈昌斌．青岛发电厂吹填砂地基上的振冲挤密砂桩加密试验[J]．电力勘测，1996(9):20-24.
[108] 郑念屏．福州国际机场口岸园区地基处理[J]．福建建筑，1997(1):131-132.
[109] 周俊峰．无填料加密法振冲加固砂类土地基在工程实践中的应用[J]．河北电力技术，2002(6):52-54.
[110] 苏荣臻，范文涛．振冲法在粉细砂地基加固中应用的探讨[J]．西部探矿工程，2005,17(3):8-9.
[111] 吴翔，涂开彬，李顺利，等．冀东南堡油田 1 号人工端岛无填料振冲加固地基的质量控制[J]．港工技术，2007(5):46-51.
[112] 石积德，白涛，王毅红．无填料振冲法在粉细砂地基加固中的应用[J]．路基工程，2008(5):115-116.
[113] 李博．无填料振冲挤密法在砂土地区地基处理中的应用[J]．铁道建筑，2011(7):78-80.
[114] Mandelbrot, Benoit B. The fractal geometry of nature[J]. American Journal of Physics, 1998, 51(3): 468.
[115] 南京水利科学研究院．土工试验规程:SL 237—1999[S]．北京:中国水利水电出版社，1999.
[116] Wang X, Zhu C Q, Wang X Z, et al. Study of dilatancy behaviors of calcareous soils in a triaxial test[J]. Marine Georesources and Geotechnology, 2018: 1-14.
[117] 李广信．高等土力学[M]．北京:清华大学出版社，2004.
[118] Guyon E, Troadec J P. Du sac de billes au tas de sable[M]. Odile Jacob Science, France, 1994.
[119] Daouadji A, Hicher P Y, Rahma A. An elastoplastic model for granular materials taking into account grain breakage[J]. European Journal of Mechanics, 2001, 20(1): 113-137.
[120] 王艺钢．基于离散-连续耦合方法的特殊地基强夯处治研究与应用[D]．长沙:湖南大学，2021.
[121] 贾敏才，王磊，周健．干砂强夯动力特性的细观颗粒流分析[J]．岩土力学，2009,30(4):871-878.
[122] 孙述祖．振动器参数的分析研究[J]．建筑机械，1987 (7)：14-21.